suncolor

suncolor

文字變現！誠懇文案力

王繁捷日破400萬業績的寫作祕訣

王繁捷 著

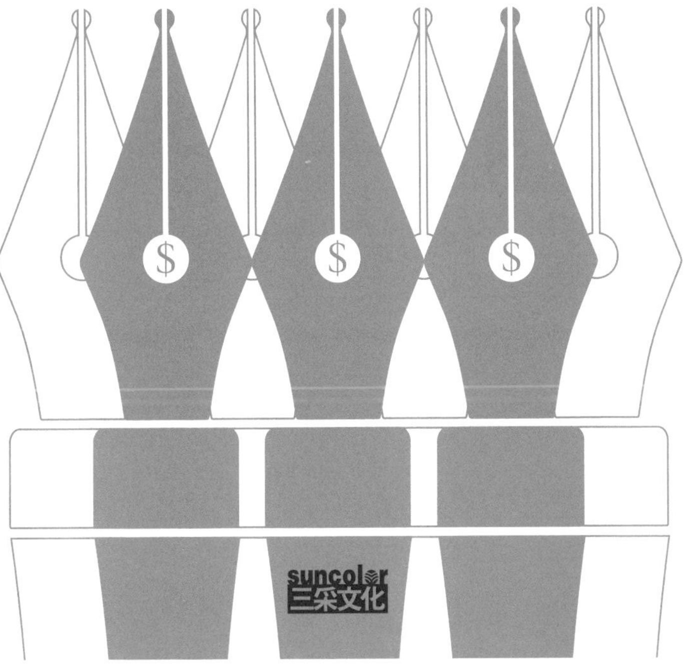

CHAPTER 1

從心開始／誠實面對一切

CHAPTER 2

概念釐清／12個心法寫進顧客的心

CHAPTER 3

實例分析／破解文案失敗的7個卡點

附錄

那些讓客戶默默買單的行銷密技

專欄

一作者序一

做文字行銷，你不需要是天才

很多人會以為，行銷不就是打廣告嘛，只要下了廣告，顧客自然會上門。其實剛開始接觸行銷的時候，我也以為只要「打廣告」就能「收到訂單」，就像早期 Facebook 廣告很便宜，隨便打隨便賺。但等到很多人也開始用 Facebook 打廣告、廣告費不斷攀高，效果卻越來越糟的時候，我才知道原來「讓客戶更願意買你的東西」，比找便宜平台、下更多廣告重要。

而讓人願意買的關鍵，就是「說服」的力量，說服他按下購買連結、說服他完成結帳，這才是真正的行銷，讓原本一百個客人中只有十個人會買，提高到有二十個人會願意掏錢買你的東西。

能把產品賣出去，才是厲害的文案

有一件事我必須先講清楚，那就是我對厲害的行銷文字定義，和很多人不一樣。許多人認為厲害的文案是：讚數多、留言多、分享多，所以有些廣告公司會以「互動數字」，來證明自己廣告做得很好。但有的文案是，幾千個讚、幾百則留言，可是產品賣不出幾個；反觀有的文案，留言小貓兩三隻，客人卻默不吭聲地私下狂買。

所以，真正厲害的文案是：能把產品（服務）賣出去，不只是大量的賣，**而且扣掉廣告和成本，還會剩下令人滿意的利潤。**

在我還是行銷菜鳥時，也曾經看過一堆人瘋狂讚美，卻沒帶進業績的廣告，心想：「我以為有噱頭的文字，會讓很多人看到、自然能帶來訂單，沒想到我錯得這麼離譜……」這經驗讓我學到，吸引目標客戶的注意最重要，而不是用花俏的文字來博人眼球，因為這樣會模糊焦點，讓真正的客戶失去興趣。

從那時起，我不再用文字討好所有人。

我專心針對自己的客戶，做出適合他們的產品、文字廣告，業績也開始大幅提升。當然，現在我的廣告，除了吸引到目標客戶外，一般人的反應也很好，也有許多互動，更有些廣告好像沒什麼留言，但訂單卻一直湧進來。

面對這種「低調卻又驚人」的文案，常讓我發出感慨：「這文案的互動低，非常不起眼，但是有誰知道，它私底下抓來這麼多業績？」這種文案，就像外表老實的業務員卻是公司裡的銷售冠軍一樣，惦惦吃三碗公。

在後面的文章中我會說明給你看，這些能帶來大量訂單的文字，長什麼樣子？加上用我分享的技巧來寫它，一定會讓你的功力大增。

文字引發的想像，是影音無法取代的魅力

有人會說，「現在是影音時代，還有誰會看文字？」，但別忘了，文字有一個很大的優勢，那就是讓人「快速掌握重點」。一段可以三秒看完的文字，在影片上可能要幾十秒甚至一分鐘才能播完！

每次看產品介紹影片，都讓我有煩躁的感覺，因為廢話太多了。想要快轉又會超過，還要再倒回去，來來回回浪費一堆時間。但是文字就完全沒有這個問題，你能很快知道它要講什麼。

所以，以行銷來說，文字和影片各有優缺，彼此無法取代，要用哪個工具來行銷，主要還是看你產品的定位來決定。**影片的優點，有視覺衝擊、容易理解（特別是操作類）、輕鬆吸收等，但文字的優點，則在讓人能有效率地吸收資訊、加強想像空間等。**

例如甜點的教學，想示範的話就一定要用影片，不然各種複雜的動作，用文字敘述根本沒人看得懂。但如果要描述食物的美味，文字的效果就會超過影片，因為客人會「想像」、腦袋會出現極致美味的畫面，而影片的樣子就定型在那裡，改不了的。（這也是為什麼，很多人覺得小說比電影翻拍好看，因為腦袋可以自動腦補很多厲害的畫面，但影片技術辦不到）。

本書裡有一些我寫的行銷文，你可以看看我是怎麼用描述的方式，來讓美食感覺超級好吃。影片、文字各有魅力，你並沒有被限制只能用其中一種，像我自己會兩種都用，利用他們各自的優勢來讓行銷達到最大效率。

文案不是作文比賽，是用說話的方式說服客戶

不過在開始學習寫文案之前，你需要先有這樣的心理認知，那就是「行銷文字不難」，有這樣的認知後你的學習才會順利。如果你先入為主地認為「寫字好難」，那你學起來就會很痛苦，因為你的潛意識已經影響了你。

我在《成為1%的創業存活者》提過，有位文案大師曾說，要是他把自己現在寫的行銷文字，拿給高中老師看，老師一定會氣死，因為裡面文法錯誤太多。可是這位大師，卻有一堆企業願意排隊捧著大錢，請他幫忙寫文案，如果是你，你想要當哪一個？你想要寫出讓高中老師高興稱讚的文字？還是寫出客戶會願意花錢的文字？

當然是選能夠賺到錢的文字啊！行銷文字，和寫書、寫文章是不同的，甚至可以說是相反的。

一般寫文章，很注重用字是不是精準，所以寫出來的東西，跟我們平常講話不一樣，例如在文章我們會這樣寫：「想要進步，需要每天不間斷地磨練自己，不要一曝十寒……」但用講話的方式，我們會說：「你要每天練習才會進步，不要只是偶爾練一下……」

行銷文案就是要你把說話的方式，變成說服客戶的文字。文法也是，如果你的行銷文字裡出現一點文法錯誤沒有關係，只要客戶看得順、看得懂，能吸引他就好。

如果這樣還不夠讓你有信心，認為就算說話不難，但「我又不是行銷天才，哪知道要說什麼？」的想法一直甩不掉，我曾在行銷課程上分享一段影片，記錄了我整個寫文案的過程，很多學生看了後發現——原來，我在思考行銷文字的時候，會停頓這麼多次、修改這麼多遍、自己又重讀好多遍，甚至某些段落整個刪掉重改。完全不像他們想像的，輕輕鬆鬆、一氣呵成，可以很輕易就完成一篇驚天動地的文案。

但要是我把影片濃縮成短短幾分鐘，大家就會以為我寫文案像吃飯一樣容易，心想：「我根本做不到，算了。」所以接那支影片我故意不剪，讓大家完整看到只有短短幾個字，就得花掉我多少時間，也能看到一段很爛的草稿，是如何一修再修，變成有本事說服人「買」的文字。

我是靠努力，才寫出說服人的文字，只要肯練習，你也一樣做得到。

CHAPTER 1

誠實面對一切

從心開始

現在是吵雜的時代，
大家都在聲嘶力竭地喊「買我」、「買我」，
不想辦法讓客人看見產品，
根本活不下去！
但是在讓受眾了解產品之前，
我們得認識自己……

找到真正的消費者

人有百百種，
不是只有年齡層和職業兩種，
想想會買你東西的人，內心真正想要的是什麼？

所有的行銷課都會告訴你：要專心在目標客戶身上。

什麼是目標客戶？簡單來說，每個老闆賣的東西特色不同，所以各自會擁有一群喜歡他產品的人，而那群人就是目標客戶。

常會聽到開店的老闆這樣說：「我是賣精緻甜點的，所以我的目標客戶是二十至三十五歲的女性、上班族……」或是「我是開餐廳的，目標客戶是四十五歲以上的族群，以公務員為主……」這種說法背後的邏輯，是先看客戶的類型，再決定把店面開在目標客戶的附近。

但我們寫文案、設計產品的時候，也要用一樣的邏輯方式嗎？例如，我要做蛋糕的時候，心裡是不是只想著：「因為我的目標客戶是二十至三十五歲的女性，所以我要設計這類人喜歡的甜點。」或是「我的文案要怎麼寫，才會吸引二十至三十五歲的女性來買蛋糕？」

我可以告訴你，如果你是用這種模式來思考，那就落入了一個誤區——**雖然喜歡你產品的人大部分是二十至三十五歲的女性，可是如**

果你的文案、產品，全都是針對這個年齡層來做，一樣會不夠精準，畢竟，並不是所有二十至三十五歲的女性都喜歡甜點啊！更別說有越來越多的女孩子，為了身材、健康，排斥吃甜點。

如果這時你又順著這個趨勢去設計產品和文案，那效果可能會很慘。例如我常看到這樣的廣告：「×××甜點非常健康營養，糖度又低，很適合想吃甜點，又怕發胖的女孩兒喔！」

這種文案常讓我想到，那些先列出一大堆吃泡麵的壞處，再教大家怎麼吃才健康的網路文章。想當然，在這些文章底下，一定會有這樣的留言出現：「我都已經要吃泡麵了，誰管你健康不健康？好吃最重要啊！」同理，甜點也是一樣。人會吃甜點就是想要「糖」帶來的舒服感，如果是為了健康，那就不會吃了。這也是為什麼，「健康的甜點」很難賣，再看看這幾年來賣得好的甜點，有多少是因為健康才賣得好？

為目標客群做文案

我們需要做的，是針對「熱愛甜點的人」來設計產品！

用這樣的出發點來思考，做出來的成品就會完全不一樣。尤其喜歡吃甜點的人，絕對不是只有二十至三十五歲女性，還有小孩、男人、老人等等各式各樣的人，而他們內心對甜點的渴望都是一樣的。例如以口味來說，大部分熱愛甜點的台灣人，會喜歡綿密、濕潤的口感，所以我的廣告影片、產品研發、照片呈現，都會盡量去呈現這些特點，來滿足目標客戶。

不只是甜點，你也可以把這個概念套用在

何謂目標客戶？

目標客戶 ＝ 所有會喜歡你產品的人

各行各業上，好好地想一下，那些熱愛你產品的客人，他們的需求是什麼？重視的又是什麼？而不是去想，××年齡層、性別，或哪一類工作的人想要的是什麼。

當然我們不是要去否認，分析年齡和族群的必要，只是這裡強調的是文案和產品設計的出發點，兩者的溝通方式是很不同的。另外，還有一點要提醒你，不要去否認文案就是針對目標客戶所設計的！

我認識一個很有名的網紅，或許出於活潑、開朗、沒心機的人設，到處否認他的創作內容都是針對觀眾特別設計的，但他這樣做並沒有好處，因為說謊說得太明顯，反而引起觀眾反感。就我看來，承認為了觀眾去設計內容，是加分的，因為可以讓大家看到他努力的一面！

就像我的電子報，都是特別為了目標客戶寫的，這樣才能寫出對大家來說有用的內容，而不是我高興寫什麼就寫什麼。要是我將自己學生時期喜歡寫的小說寄給讀者，對大家有幫助嗎？不會，因為會想收到我信件的人，都是對行銷創業有興趣的族群，不一定是愛看小說的人；若真要寄小說，也應該要寄給愛看小說的族群啊！

所以，為了目標客戶設計內容，是一件值得驕傲的事，代表著老闆的用心，千萬不要去否認它。

SUMMARY

精準鎖定目標

- 年齡層、職業只是參考。
- 找出喜歡你產品的人，心中共同的需求是什麼？
- 只為目標客戶的共同需求設計產品與文案。

文字要寫給對的人看

分享多、按讚多，
不等於買的人也會多，
鎖定目標對象才有效。

我有堂售價三千元左右的麵包教學課程，只上架幾天就有好幾千人報名，銷售得非常成功，但這篇文案的轉分享數，卻不過小貓兩三隻而已。為什麼一篇沒人分享的文案，會吸引這麼多人來購買？一篇好的文案，難道不需要很多人分享、按讚嗎？

其實這是嚴重的迷思，**真正的好文案是「能達到目的的文案」**！麵包課的目的是賣課程，看的是賣出去的課程數量，而不是按讚和分享數。雖然理論上，有更多人的按讚、分享，散播率就會越高，課程也應該會賣出更多，但實際結果並不是這樣。因為看到文案的人，很可能不是你的目標客戶。

我看過有些廣告很有創意，轉分享的人超級多，可是真正買產品的卻沒幾個，甚至連轉分享的人也不記得產品是什麼，非常悲劇！這是因為這些廣告的目標都是希望被注意、吸引人轉分享而已，自然就分散了產品銷售的效果。

這就像是一部電影，把恐怖、愛情、搞笑、動作、懸疑等各種要素同時集合在一起，會變成什麼樣子？只會變成災難一場，因為人的注意力有限、你講故事的時間也有限，想要什麼要素都有，只會等於什麼都沒有。所以**想要讓人融入其中，就必須讓觀眾只專心在一個主題就好**。

鎖定客群，目標在銷售

你的目的是賣東西？還是得到分享數？當然，銷售文案也可以同時結合趣味和實用，可以把東西賣出去之外，又得到轉分享和按讚數，不是做不到，但這就像要混合所有要素的電影一樣，要做得好很難。

這裡我先講一下，人在什麼時候會想分享某篇文章？大部分是以下兩種原因：

①先轉分享到自己的動態牆，等有空時再買（或再看），類似先加入「我的最愛」的概念。

②覺得內容有趣或有用，想分享給親朋好友。

以我的客戶來說，先分享到動態牆，晚點再買的狀況很少，因為大部分的追蹤者會先收到 Email，然後他們會透過 Email 報名，就不需要再對 Facebook 的貼文做出反應。至於②，如果開賣的文案沒創意，也沒有什麼笑點或實用的知識，按讚數和分享數自然就變少。

但對我來說，讓我的目標客戶想要看完，然後按下購買的按鈕、結帳，才是文案最重要的目的。

再來，會影響按讚、分享很大的一個原因，就是行銷上的操作。

這裡我整理出四個要點：

①廣告花費多寡

廣告花越多錢，轉分享的機率越高，這很容易理解。

②行銷方式

有些人會找網紅轉分享廣告，整體的轉分享數就會增加。

③ 廣告類型

如果是主打「增加互動」的廣告，那按讚、分享數就會提高，因為平台會讓廣告出現在特別喜歡按讚、分享的人面前，但賣東西的效果就會比較差；而主打「轉換類」的廣告，賣產品的效果會很好，可是按讚和分享數就會比較低。

這和廣告機制有關，它會根據你選擇的類別，決定要將這則廣告出現在什麼人面前。

④ 集中廣告還是分散

有的人會把所有廣告費都打在同一篇廣告上，讓資源集中，自然會有最多的分享數。但我不建議用這種方式，因為確認廣告效用的最佳做法是「測試」，我會同時做好幾種不同的廣告（也分散廣告費）

來測試，看看哪一種廣告表現最好，再針對最有效的廣告加碼。這樣做雖然分享數會被分散，可是帶來的好處卻最大。

所以做文案或廣告的時候，不要只想著如何才能吸引人分享，那是錯誤的方向，你應該要將注意力放在說服客人、創造吸引人購買的內容上，而按讚、分享只是輔助罷了。

SUMMARY

能達到目的的文案

- 有明確的目標對象。
- 針對目標客戶寫文案，而非譁眾取寵求按讚、分享。
- 多方測試廣告效果，再根據效果集中火力。

正式行銷前的練習

要等到有自己的產品才開始學行銷嗎？
如果是這樣，你會浪費掉很多時間。
練習隨時可以開始，
試試下面的方法來練習文字行銷。

訂閱我電子報的會員裡，很多人是沒有在創業的，他們是為了以後想要創業，所以來學習行銷技巧，以備未來有一天會用到。

有人就問過：「我現在還沒有創業，也不知道未來要賣什麼。有沒有什麼事，是我可以先做的，讓之後創業比較順利？」

創業包含非常多的層面，包含資金、產品、行銷、客服等等，要準備的東西太多了。

資金部分沒什麼好講，努力存錢或是讓自己有資格和銀行借錢。

客服部分，學起來是滿快的。但是如果你講話常常得罪人，建議你找個願意說真話的朋友，了解一下問題出在哪裡。

產品的話，因為還不知道未來要賣什麼，也無法做準備。

行銷的定義

那行銷的話，有辦法先練習嗎？簡單來講，「行銷」就是把東西賣出去，不管是用文字、圖片或影片，只要能說服對方想買，那就可以了。

所以現在的課題是，在沒有產品的情況下要怎麼練習行銷？既然這本書是要教你「文字行銷」，這裡就跟你講一個很好的方法：寫「心得文」。例如你今天去了一間餐廳，把整個用餐過程寫下來，介紹他們的餐點、裝潢、服務等等。為什麼這可以幫助你練習文字行銷？

因為當你把這篇心得文寫出來之後，放上社交平台，如果沒有任何人留言說：「好吸引人，我也要去吃看看！」那就代表你這篇文章在行銷上的效果是差的，你寫的東西無法引起別人的注意。

如果你能單靠心得文就吸引人想去，那會是你很強大的優勢，因為你會注意到，自己在文章裡並沒有一直呼籲大家「快去吃、快去買」，就讓人很想去，那是很厲害的！你應該也不喜歡一直大喊「來買東西」吧？可以只靠著內斂的文字就讓人掏錢，誰還想要大聲叫賣？

不過，你在練習的時候，需要挑選真心喜歡的餐廳來寫，不要挑覺得還好的店卻想盡辦法說得天花亂墜，那樣的文字雖然還是寫讀得出來，但很難打動人心。

引人入勝的方法

在寫心得文的時候有一個重點，那就是盡量先從故事開始（細節會在第二章說明），因為人自古以來就喜歡聽故事，會比較容易讓大家看得下去。假設我要介紹王品牛排店，故事開頭可以是：

貝克街創業第二年，我辦了員工尾牙，那時候只有兩個兼職人員而已，地點在一間吃到飽的便宜火鍋店（已經倒了）。

尾牙結束後，我說：「很不好意思尾牙只能選這種地方，希望未來能到更好的餐廳。」

其中一個員工說：「不會啦，這間也很好吃，預祝貝克街業績大漲，未來尾牙能到王品！」

那時候王品對我來說是遙不可及的餐廳，不要說尾牙了，我自己都沒吃過。也因為那句話，王品對我來說有不一樣的意義，就像是創業的一個目標一樣。

雖然現在員工聚餐，米其林三星、亞洲五十大等等更高級的都去過了，但王品在我心中還是有不一樣的感覺。

後來因為×××，我到了王品……

就像這樣用故事帶入，說明用餐的過程，還有描述餐點的味道。

不只是餐廳可以讓你練習，電影、書、衣服、家電，都可以用來寫心得文！在要寫某類心得文的時候，可以先去看看相關的部落格、社團或粉絲專頁是怎麼寫的（記得挑受歡迎的那種），記下他們會用的形容詞，還有想想他們的文字為什麼會吸引人。**那些形容詞很有用，會幫助你在描述產品的時候，讓人腦海更有感覺！**

寫完之後的重點，就是看看成績如何了，看有沒有人留言說好吸引人、好想買。

有一個情況是你的社交平台沒什麼朋友，發出去的文章沒有人看到，那你可以考慮「聯盟行銷」，寫文幫忙合作品牌賣產品，然後得到分潤。因為有分潤的關係，你就有預算可以打廣告，讓人看到你的文案或影片。

聯盟行銷通常不會打廣告，主要是靠部落格之類的免費流量帶來訂單，因為打廣告之後利潤可能就沒了，但如果你只是為了練習行銷的話，全部的利潤拿來打廣告也是OK的。

怎麼寫別人就怎麼寫自己

最後要注意的是，有些人平常在寫心得文的時候很吸引人，可是一旦開始賣起自己的產品，整個文案風格就變了，變成很制式、普通的廣告，效果差到不行……一定要記得，當你的心得文已經能吸引人後，賣自己的產品時也要照心得文那樣寫，沒有什麼不一樣，別變得扭扭捏捏的！

寫「心得文」是非常有效的方式，可以讓你在還不知道要賣什麼東西之前，先把自己的行銷文案能力練起來，才不會等到公司成立了，對行銷還是一竅不通，白白浪費許多時間，那會損失很大。

SUMMARY

文字行銷沒有你想像中的難

- 行銷不是等到有產品才能做的事。
- 心得文是最方便的練習。
- 學習受歡迎的人用的字彙。

動筆前的準備

知彼也要知己，用你自己的方式，
說出客戶正在尋找的答案。

確認目標客群後，在開始寫行銷文字前，其實有很多的準備工作要做，我在《成為1％創業存活者》中就曾提到，寫行銷文字就像做菜一樣，必須先把材料準備好，出來的成品才會吸引人，客戶也會更願意去買你的東西。在本書中也有必要再複習一下，才能建立完整的文案觀念。

在動筆之前，你需要準備的材料有三種：

●了解自己的客戶，把他們的特徵、心理狀態列出來。
●了解你的產品。
●找出產品的獨特賣點。

其中「了解自己的客戶」，更是關鍵中的關鍵！因為每一種產品，都會有各自的支持者，不可能所有人都喜歡同一個東西。而你需要很清楚地了解喜歡你產品的人是怎麼樣的人，才知道要怎麼跟他們說話、怎麼去吸引他們。

假設喜歡你產品的人，都是一些有格調、懂得追求好品質的有錢人，但你寫的文案卻在強調促銷優惠、下殺幾折……這些他們不會在意的事情上，你猜你的顧客會怎麼想？他們心裡一定會遲疑，甚至認為你的產品品質有問題，不然為什麼一直強調有多便宜？

把客戶最想要的擺在前面

關於了解自己的客戶，你需要知道以下幾個問題，在寫文案的時候，只要知道這些問題的答案，就會很清楚地知道如何引起客戶的興趣。這些問題包括：

①關於你的產品，客戶最重視、最在意的是什麼？

你需要挖出目標客戶最在意的事，才能夠寫出讓他們感興趣的內容。像我的蛋糕客戶，最在意的就是食材和美味，再來才是價格，所以我從來都不會在行銷時跟他們說，我的東西多划算、多便宜，因為那沒有意義。

還有上甜點課的學生，最在意的是：「為什麼照著食譜做，還會失敗？」「做出來的東西好吃嗎？」「只看影片能真的學會嗎？」所以我的行銷文字，都會針對這些主題來講，解決他們的疑慮。

好好去了解客戶在意的點，千萬不要「裝懂」說，你早就知道客戶在意的是什麼，因為萬一你是錯的，那你的行銷會很失敗。

②客戶購買產品的動機是什麼？

如果你是賣化妝品的，你的客人動機會是哪些？十幾歲的小女生，為了吸引暗戀的男生？或是比較年長的女性，想要讓自己看起來更年輕？還是為了在工作上看起來更體面？你可以根據不同的動機，寫出他們會感興趣的內容。

例如，對想要在工作上看起來更體面的人，你就可以寫一篇關於職場妝容的教學。又例如一名想表現出精明幹練、得到客人信任的業務，可以用怎樣的化妝技巧來加強？又或是哪種妝容，會讓客人或上司反感，在職場上是絕對要避免的？

③客戶有既定的偏見嗎？

假設你在賣音響，但很多客人對音響有偏見，就是重低音「越重越好」，可是事實上不是這樣，因為重低音如果太重，就會影響到其他音質的表現，所以其實是要看客人的需求、喜歡的聽覺體驗來決定。這時你把客人的偏見指出來，他們就會被點醒，再加上你的行銷文字效果就更好。

④客戶討厭什麼、害怕什麼？

把他們最討厭和最害怕的事講出來，然後告訴他們解決的方法是什麼。例如買房子的客戶最害怕、最討厭的事情，就是買貴了或是買到輻射屋、海砂屋，那你寫的內容，就可以是教客戶怎麼判斷一間房子合理的價格，或是哪裡可以查到實價登錄？

這類文章可以解決他們討厭和害怕的事，除了有用之外，也會大幅增加他們對你的信任。

⑤ 客戶對產品最不熟悉的地方？

對蛋糕店來說，目標客戶最不熟悉的，是他們根本不知道自己吃下去的東西，品質好不好。例如巧克力，他吃下的是真正的巧克力，還是摻了植物油的？或是鮮奶油，為什麼有些鮮奶油讓人覺得很噁心，有些卻很順口、很好吃？

在你的行業裡，一定有很多事情是你的客戶不熟悉的，但因為他們對產品有興趣，所以會想要了解更多。就拿剛剛的例子來說，常吃蛋糕的人，通常都會想知道怎麼挑選品質好的巧克力，畢竟巧克力蛋糕是最常見，也是最受歡迎的甜點，可是這些知識又是他們不熟悉的領域。所以當你寫了一篇辨別巧克力好壞的行銷文章給客人時，他們會有一種恍然大悟，甚至有看到產業機密的感覺，也會很喜歡，畢竟人最喜歡祕密了。

⑥客戶最熟悉的是什麼？

對於客戶熟悉的事情，你的行銷文案就可以寫得更深入，讓他們產生「原來是這樣子」的感覺，也一樣會有很好的效果。

例如喜歡吃高級壽司的美食家，自然會知道壽司是一個一個捏出來的，這時你就可以創作一篇內容，告訴他為什麼需要一個一個捏，而不是全部捏好之後再給他？或者，為什麼壽司飯，一定要在吃之前才去攪拌？為什麼飯放了兩小時，就不能用了？

以上六點會讓你對目標客戶有更深入的了解，你寫出來的文字行銷也會更有力量。

用自己的個性說話

在知道客戶的喜好之後，你還要寫出讓他們有興趣看下去的文字。因為人的大腦有一個機制，只要看到「難懂」的字就會當機，一旦當機就會覺得「無聊」，不會想再看下去。所以為了避免這樣的當機情形，我們要**「把文字寫得像是在對人說話一樣」**。

例如用「你」而不是「您」，會更像是自然的對話，或者我曾舉例過的電腦文案：

> 新一代的電腦，速度更快、效能更高，在處理任何的工作上，都能完全勝任。

這段話看起來很正常，但實際上卻很無聊，所以可以這樣改：

你用這台電腦的時候，會懷疑自己以前到底怎麼活過來的，因為它比起上一代，實在快太多，讓你工作效率大大的提高，再也不用加班。

是不是變得很口語，沒有特別用到專業術語，卻讓人更想讀下去、也被吸引了。

點開 Facebook 上的廣告，有時候，你會發現怎麼這些文字好像都是同個人寫的，都是情緒很 high 地在推銷商品。但你並不需要像嗑藥一樣的 high 與熱情，才會讓人想買。

尤其，當每個小編都在寫嗑藥文的時候，你再寫一樣的東西，根本就不會有人注意到你！而且保有你個性的文字，才是廣告吸引人的一部分。這就像如果每部電影、每個角色，全都是熱血青年時，你會看得下去嗎？

一個電影角色會讓你著迷，是因為他有自己的鮮明個性，不管你是不是喜歡這個角色，都會讓人想繼續看下去。行銷文字也是一樣，從你手中寫出來的字就應該保留你的個性，你的字才會像那些鮮明的角色，讓人願意看下去。

所以在寫之前，要先知道自己是什麼個性？你是高冷？搞笑？幽默或熱血……不要在文字裡拘束自己，依照自己個性寫出來的文案，絕對會更吸引人。

SUMMARY

建立買賣良性互動

- 用「你」會比用「您」來得自然。
- 口語化比專業術語易吸收。
- 文字加入個性，避免千篇一律。

提供有價值的內容

有價值的文字行銷，
會讓顧客覺得有用，
進而更願意買你的產品。

文字行銷是建立客戶品牌信任度的方式之一，也就是提供對客戶有價值的訊息，讓人更願意買你的產品。

那什麼樣的內容叫做有價值？這裡的價值是指，你給的訊息讓人覺得很有用。假設你在經營流行服飾，發了一篇「如何配出不同風格的衣服」的文章，對客人來說就有價值，因為他可以**在生活上運用你提供的內容，並且得到好處**（穿搭得更有型、漂亮）。

但要注意的是，不可能所有人都覺得你的內容有價值。就像剛剛說的衣服穿搭，對不修邊幅、不在乎穿著的人來說會有價值嗎？他們只會覺得這內容一點用也沒有。那怎麼辦？再寫一篇讓不在乎的人覺得有價值的東西？

錯！前面說過寫文案之前就要想清楚，你的目標客戶是誰，不要想討好所有人，要專心在目標客戶身上，也就是那些會買你衣服、在乎穿搭的人。你只要為他們提供有價值的內容就好，因為他們才是花錢的人。所以你的重點應該擺在，「什麼是對客戶有價值的內容？」

關於這點，我一樣用舉例的方式說明。假設你今天想知道，被人狠狠打一巴掌的感覺時你該怎麼做？大多數的人應該找個有經驗的人來描述，對方可能會說：「有一天我被女朋友甩了一巴掌，臉上火辣辣的一陣刺痛，甚至還有點耳鳴，最後臉整個麻掉……」這樣的描述的確可以讓你想像那種感覺。

但，還有一種做法，就是找人狠狠甩你一巴掌。

把自己變成客戶

上面這兩種做法，哪一種的體驗最深刻？當然是第二種——親身體會。

我就看過一位漫畫家，為了畫出人被電擊棒電到的感覺，竟然跑去買電擊棒電自己，雖然痛到他昏了過去，卻也因此畫出超級傳神的畫面。所以重點就是，**你要把自己變成你的目標客戶！**

像我每次去模型店，看到感興趣的模型，都會問老闆一堆問題，可是有些老闆只會回答我：「這是最新款的，很酷喔！」這種老闆對自己賣的鋼彈模型一點興趣也沒有，只是為了賺錢才賣，他們根本就不是自己產品的客戶，當然不會知道什麼內容對客人有價值。

但如果老闆本身就熱衷於玩鋼彈，他就會跟我說：「你手上這個是PG的鋼彈，對初學者很難，但如果你真的想要組PG，有一些小訣竅我可以告訴你，那就是……」就因為老闆自己真的有在玩，所以他能講得很深入，所有組裝該注意的地方跟細節，他都一清二楚。

而他分享的小訣竅，也是內容行銷的一種。他提供的訊息，對我來說很有價值，讓我在組鋼彈時能更順利。

當你自己是客戶的時候，就會知道什麼內容對客戶有價值。現在你再去想自己的產品，心裡是不是已經有了答案？

要是還是不行，那就先想一下你的興趣是什麼？假設你的興趣是投資股票，可以想想什麼內容對投資股票有價值？我想應該會是，「如何判斷買賣股票的時機」、「怎麼看一間公司股票的成長性」等等吧？先用自己的興趣練習回答之後，再回到你的產品問同樣的問題，就會比較容易理解。

把自己變客戶之後，還要去買同行的產品，這不只是為了調查，更是要單純地使用別人家的產品，如此你才會知道客人的需求是什麼，因為你就是客人！

SUMMARY

找到內容價值的方法

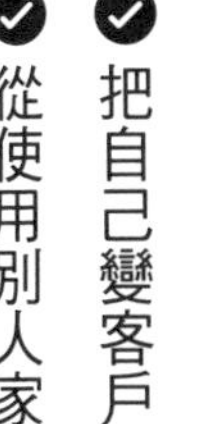

- 聽客人怎麼說。
- 把自己變客戶，親自體會客戶需求。
- 從使用別人家的產品感想來取得。

創業的時候，錢總是很大的問題。
這裡有一份檔案，是關於我如何籌到創業資金的經驗，你在填寫 email 之後，檔案就會寄到你的信箱，未來我也會用 email 寄相關經驗給你。

連結：https://baco-street.com/copywriting
備用連結：https://bacostreet.com.tw/Course/Info?id=1576

文字行銷的靈感來源

兩個訣竅，就衍生出取之不盡的想法，
你要做的，
是再把它們變成有價值的內容。

接續上一篇所說的，想知道什麼內容對客戶有價值，你就要把自己變成客戶才能親身體會。找到價值所在之後，又該如何才能找到靈感，源源不絕地做出有價值的內容？

這裡我舉兩個例子：

觀察目標客戶的想法

我最喜歡的做法之一，就是加入社團，因為社團是一個討論的園地，大家會在裡面提出自己的問題、內心的想法、偏見等，根本就是搜集靈感的最佳場所。

舉例來說，我有加入一個主要以烤箱為主的家電社團，裡面常有人問到，為什麼他家的烤箱火力不穩定？明明調的是一樣的溫度，有時候太熱有時候卻又太冷？如果我是賣烤箱的廠商，這些問題就是我的行銷靈感。

觀察「非」同行的做法

有很多人對行銷有個誤解，就是覺得「一定要學同行的做法才會有效」。但如果你真想在業績上有突破，並且獲得大幅成長，最好的辦法其實是觀察你的「非同行」。

因為同行的做法，你所有的同行都在做！但如果能將「非」同行**的做法，套用在你的產品上，就有機會變成很厲害的武器。**

行銷界的傳奇顧問杰・亞伯拉罕（Jay Abraham，國際知名營銷顧問，IBM、聯邦快遞、微軟等等都是他輔導的企業），曾說過這麼一段話：「我輔導企業最成功的行銷策略，就是把『非同行』的做法，套用在他們身上，也常出現意想不到的效果。」

以我自己的蛋糕店為例，我之所以會用 Email 為主，再搭配線上、線下的消費方式銷售蛋糕，就是跟一間完全不是同行的服飾店學的，結果效果超級好。

還有，很多年以前，我在一個減肥健身的粉專上，看到有人分享料理雞胸肉的做法，教了如何讓雞胸肉不乾柴的訣竅，結果讀者的反應好得誇張。這就帶給我靈感，我也可以分享甜點食譜與訣竅給大家，試了之後果然效果很好。

沒想到吧？健身和甜點是表面看似不同的兩個產業，卻能為彼此帶來行銷靈感。所以你可以多觀察其他行業，看看他們都發什麼內容，來幫客人創造價值？思考一下，他們的內容是不是也值得你參考？

再假設你賣的是生髮水，某天看到一間體香劑廠商，寫了篇「增加魅力的三個步驟」大受歡迎，你就可以想想類似的行銷內容，是不是也適合你的目標客戶？

以上就是兩種我自己非常喜歡用的找靈感的方法，對你一定也會有幫助。但這些方法不是固定模板、公式，也不是套一套就好了，你必須要去思考，如何把方法運用在自己的產業上。記得，內容行銷，不斷提供價值就對了。

SUMMARY

缺乏行銷靈感時想想

- 同類型討論社團裡，大家都會遇到什麼問題？
  針對大家的疑惑，我能提供什麼解答？
- 其他產業有沒有什麼大受歡迎的文字行銷案例？
  我能利用相似的概念或主題，為客戶創造有價值的行銷內容嗎？

光是用好鍋不會讓你變大廚

想要賺錢不能只靠行銷工具，
內容好不好、對客戶有沒有價值才是關鍵。

我常關注國內、外做行銷的人所寫的文案，發現有一種人很有意思，那就是特別喜歡炫耀自己的人。最常見的，就是會用貶低別人的方式，來抬高自己的身價，例如說其他人的廣告操作哪裡不好、哪裡很可笑等等。

還有另外一種炫耀方式，就是很愛寫網路工具的介紹文，卻故意講得不清不楚，例如：「HIY 這東西最好是用 POLE 來串，會讓廣告表現差十萬八千里，懂的人就知道我在說什麼，不懂的人請加油。」（這段只是我隨便舉例，不用花腦筋去想它是什麼意思）。

我仔細研究了一下，這些人雖然對網路行銷的工具很熟悉，但他們卻有個共通點，就是沒賺到什麼錢！唯一能讓他們炫耀的地方，也就只有對網路行銷工具的熟悉程度而已。但這卻不能為他們提高多少業績，或建立什麼品牌形象。

或許，你會覺得很奇怪，為什麼他們這麼懂網路行銷工具，卻還是賺不到錢？答案很簡單，因為**工具只是輔助，想要賺到錢，不可能只靠工具**。這就像拿來畫畫的筆一樣，難道你會因為用了最高級的筆就畫得更好嗎？或是用了最高級的鍋子就變成大廚嗎？

好工具會優化你的表現，這是一定的，例如好的鍋子導熱更快、更不易沾黏等等，但是影響表現好壞的最大關鍵，還是在於「人」本身的知識、經驗、技術！

前面用畫筆和鍋子來舉例，大家很容易就能理解，可是類似的概念放到行銷上時，很多人還是會產生盲點。就像有產品賣不好，人們會去怪廣告設定出了問題，或是怪 Facebook、Google 的廣告變貴，卻不會去想是不是產品有問題？

產品好壞更重要

剛開始創業的時候，「工具」也是我非常大的盲點。那時候我在Facebook的廣告效果越來越差，但有些人的廣告成績還是很好，產品也賣了一大堆，那時我以為：「他應該是有什麼更厲害的操作技巧、廣告設定，是我不知道的吧？難道有什麼我不知道的神奇按鈕，只要按下去業績就能往上衝？」

所以我踏上了一段尋找「神奇按鈕」的旅程……那段期間我到處上課、在網路爬文搜尋、讀書、找人請教，花了非常非常多的時間後，才發現這個世界上根本沒有所謂的「神奇按鈕」！最重要的關鍵，還是要回歸到產品夠不夠好？市場有沒有需求？文案、圖片、影片吸不吸引人？

這裡我要補充說明，雖然我說沒有什麼神奇按鈕，但該做的廣告基本設定還是要做，例如把追蹤碼放進網站裡，用來追蹤廣告成效等等。只是在基本設定完成後，若想靠什麼按鈕提高業績效果都很有限。

有了這個覺悟後，我就改變做法：只學好基本的廣告工具操作，不再鑽牛角尖去找什麼神奇按鈕，然後把時間花在文案、產品本身等最基本的地方。方向對了，公司就順了，業績也一路往上爬。

我知道對網路工具的迷思，不是說改變就改變，但不把心思放在產品本身的問題上，只追求某種複製貼上的捷徑，那真的是個大錯誤。有一些喜歡模仿我的人，看我的網路甜點課程賣得好，就有樣學樣地照抄，包括文案、圖片都是，當然他也賣出了不錯的成績。只是第二次他又如法炮製時，結果卻是賣得其爛無比，和第一次比起來簡直天差地遠。

原因很簡單，第一次模仿時，學生是在不知情的狀況下報名他的課程，但實際上課後發現品質太差，自然不會再報名新課程！而我的課程之所以都賣得超好，是因為每一堂課，都是整個團隊花費大量心思去設計的，學生看了、學了覺得很實用，自然就會繼續再報名新課程。

數字會說話

模仿者在第二次賣不好時，用了各種廣告技巧、賣力更改各種設定，企圖按到某顆「神奇按鈕」，但就算做得焦頭爛額，業績卻一樣沒拉起來。我猜他想不到，問題是出在課程品質，和廣告設定一點關係都沒有。

為什麼我會這樣說？因為他還會三不五時就和人炫耀，自己的課有多好、多受學生歡迎，這樣的人哪會想到是自己課程差，才會沒有回頭客。所以，**不管有多少老客戶誇讚你的產品，只要回購比例差，那就一定是有問題，千萬別被好聽話給矇騙了。**

既然東西賣不出去，那就代表產品不夠有價值，沒辦法讓客戶建立足夠的信任。這時不管其他人說得再好聽都一樣，用真實的數字逼自己看清真相吧！

這裡我要再強調一次，雖然我說網路行銷工具只是輔助，但基本的操作還是要學，不然

認清你的產品

顧客稱讚≠回購率

回購比例差＝產品有問題

你的廣告費也會像流水一樣浪費掉。只是學會了基本操作後，就要專心在產品上，挑選對的市場、替客戶創造價值，如此才能提高業績。

SUMMARY

朝「對的方向」前進

- 沒有神奇按鈕，不是「只有」好產品。
- 認真看數據，不被好聽話矇騙。

問出對你有益的資訊

客戶需要什麼、在意什麼？
「問」是最直接的方法，
但要如何提問才能找到關鍵點？

給了客人有價值的內容，他們就會對你產生信任，在賣東西的時候會更容易成交，這是不用懷疑的。不過，要小心一件事：**你認為的有價值，和客人的想法可能不一樣！**

我在教網路行銷課的時候，其中一個學生在描述自己產品強項、吸引人的特點時說：「我的產品使用當地小農的原料，等於是幫助到了小農們的生活，這會對客人很有吸引力。」

看完這段話，你覺得呢？

他是做吃的，你在買食物的時候會在意，這個品牌有沒有使用當地小農的原料，有沒有幫助到小農的生活嗎？百分之九十九的人根本不會管吧，因為食材安不安全、價格划不划算、好不好吃才是重點啊！

但如果他把題目改為「判斷餐廳是否為雷店的技巧」，對那些喜歡吃的目標客戶來說，興趣馬上就來了，若內容又寫得合情合理的話，就會非常有價值（雖然「吃」是主觀的一件事，但雷店確實有些共通點）。

對老闆來說，要克服盲點不是一件容易的事情，因為老闆對自己的產業通常都很熟，所以在意的事情常常和客人不太一樣。

模糊的題目，問不出好答案

有一個很簡單的方法，可以讓你知道客人對哪些內容有興趣，你教哪些知識會對他們產生價值，那就是「問」。

並不是叫你在網路上發文問：「我發什麼內容，會讓你覺得有價值？」

這種問法不會有人回答你，因為太籠統了。你要先想好自己想做的主題，再來問目標客戶會不會有興趣，例如我在不久之前和團隊想要做評比食物的內容，所以發了一封信：

標題：你會想看，我們吃其他店家的分析嗎？

為了研發甜點，貝克街研發團隊會到處找店家試吃，然後把吃的過程拍成影片給大家看。

在尺度方面我很小心，怕一不小心就得罪人，畢竟之前有網紅評論某連鎖餐廳，才被罵到臭頭……

因為我們不是部落客、也不是網紅，我們自己就是做吃的，真的公開批評別人的食物，後果完全不敢想像。

但要是真的難吃，卻只讚美不講真話，不是害到看影片的人嗎？

不只是害了看影片的人，甚至會有人想：「這麼難吃的東西還拍影片推薦，看來貝克街也不怎麼樣。」這真的會讓學生失望，絕對不能發生。

另一個做法是，碰到雷店就不要拍影片，可是我覺得很浪費，畢竟研發團隊會去吃的餐廳都不便宜，不然就是很有名，不跟大家介紹一下太可惜了。

但是難吃的話怎麼辦？

後來我想到的做法，就是客觀描述我們吃到了怎樣的口感、味道，讓大家理解吃起來是怎樣的感覺，在研發上能有什麼啟發。而不是單純地說：「我覺得這間好吃（或不好吃）。」

然後在影片裡強調：「我們會客觀描述吃到的口感、味道，不代表我們覺得它好吃，或不好吃。」

不過要是真的吃到值得推薦的店，我們會直接講出來的，你一定要試試看。（但是，若影片裡沒有講很好吃或沒有推薦大家去吃之類的，也不代表食物不OK哦，一定要先強調清楚以免被誤會）。

你有什麼想法，或是對於這類影片的建議可以回信跟我說，我會看看有沒有更好的做法！

這個內容發了之後，我收到了非常多的想法，其中就有不少人建議可以看看詹姆士的 YT 頻道。他就算吃到不喜歡的東西，也會講解得讓人能夠接受，而不是像某網紅亂批餐廳，那樣令人反感。

然後也有很多人說，他們會期待看到品評食物的內容，因為能看到從專業甜點師的角度，是怎麼分析這些食物的，會對他們有幫助。這樣的方式就能確認，你想做的內容，目標客戶也是有興趣的。

用大主題引導再分項

另外一種問法是列出一個大主題，然後問：「對於×××，你最大的一個疑慮（或困擾、問題）是什麼？」

假設你在賣洗衣機，就代入直接問：「對於洗衣機，你最大的一個疑慮（或困擾、問題）是什麼？」

這時候，會有各式各樣的答案提出來，你就統計一下哪幾個疑慮是最多人提問的，蒐集好之後，就可以針對這些疑慮來做內容，就會對目標客戶很有價值。例如蒐集完疑慮後，產生的主題可能會有：

疑慮：洗衣機洗不乾淨

產生的主題：洗衣機越洗越髒的原因

另外根據產業，並不是什麼產品都代入「對於×××，你最大的一個疑慮（或困擾、問題）是什麼？」就可以問，有時候還是需要修改一下。

假設你在賣壽司，直接代入的話會是：「對於壽司，你最大的一個疑慮（或困擾、問題）是什麼？」聽起來是不是有一點怪？可以改成：「吃壽司的時候，你最在意的是什麼？捏的手法、醋飯比例、魚的產地，還是其他？為什麼？」

這一句問題在問了「你最在意什麼」之後，我舉了一些例子「捏的手法、醋飯比例……」，因為客戶有可能不清楚你指的「最在意」是指哪一方面，他可能會想到跟衛生和服務有關，所以要更明確。最後再加一句「為什麼」，可以得到更多的資訊，帶給你靈感。

例如可能有客人會說，他最在意捏的手法，因為有些師傅捏完的壽司都是硬硬的一團，吃起來難以下嚥，那你就會知道可以講這種主題：「怎麼看師傅捏壽司的手法，就判斷好不好吃」。對於愛吃壽司的客人來說，這種內容會非常有價值。

大致上的問法就是這樣，根據不同產業來調整，你會得到很多寶貴的訊息，讓你知道該做些什麼樣的內容，來讓客人得到價值。

SUMMARY

給客戶有意義的內容

- 你的有價值不一定是客戶的有價值。
- 明確地詢問客戶會不會喜歡某個主題。
- 用引導的方式，問出客戶在意的主題。

要做就要做整套

沒有整體規劃搭配，
就算照抄也不會紅。

有一天我打開 Email，看到某個行銷人寄來的信，主題是：「我來教你怎麼寫出厲害的文案。」我心想：「這麼有自信？來看看吧！」結果，不看還好，一看差點昏倒。

先不說信裡面的行銷案例，全是別人的東西，沒有一個是他自己做的，更誇張的是，信末他還說：「講了這麼多，現在我來示範怎麼寫文案。」然後他示範的文案全是從國外大師的作品抄來的（還抄的一字不差）。但他在信裡完全沒提這些文案是抄來的，所以不知道的人都以為是他寫的，我因為剛好上過那位大師的課程，看過同一篇文案，所以我知道他是抄的。

你以為這封精彩的信，到這裡就結束了嗎？

不，還沒有，因為他把我的文案也拿去抄了！

一個教文案的人，拿不出自己寫的作品來示範，只會到處抄襲，這讓我很同情他的學生。幸好，他課程的銷售成績普普，所以沒有害到多少人（一個教行銷的人，自己的課程銷售成績很差，那代表什麼？）

除了他，也有好幾個人抄我的文案（不只在台灣，只要是講中文的國家幾乎都有人抄）。曾經有學生告訴我，還有算命師抄襲我的文案，內容只把產品的名字換掉，其他幾乎一模一樣。我請人調查後，發現這個人在香港，可能以為我人在台灣不會發現吧？

不過，他們抄了文案之後的結局都一樣，就是成果很爛。

像我的徵人文案，在沒有打廣告的前提下，發文不久後就有好幾百個留言和分享，沒多久就收到三、四百封履歷。這和名氣沒有關係，因為這個文案貝克街還沒出名前就已經在用了，而且效果一直都很好。

可是為什麼同樣的東西，別人抄了之後卻效果很差，來應徵的人才小貓兩三隻？答案是，我的文案不管是要賣東西、徵人，或是想要達到任何目的，都是經過「一整套」的設計。

前後不搭的文案，就是怪

「一整套」的意思是，這文案和負責人的個性、公司文化、品牌風格、產品特色要連結在一起，威力才會更強。

這樣講可能比較難理解，我另外舉個例子：

假設今天有一間高級的日式料理店，賣的握壽司非常厲害，雖然一個要價台幣四百元，但每天還是有一堆客人上門來買。這時有一間炸雞店的老闆買了幾個握壽司回去，並且放在店裡的架上賣，一個同樣賣四百元。你覺得客人的反應會是如何？（這裡指的「高級」日式料理店，自然和普通賣唐揚雞的日式料理店不同）。

客人一定會覺得怪啊！甚至還會懷疑這些壽司是炸雞店老闆跟廉價批發商批來的。但今天若是反過來，高級壽司店的老闆突然心血來潮，拿了炸雞店的雞排來賣，那客人的感覺又會是什麼？一樣也是超怪的啊！或許從此還會對這間店失去信任。

這是為什麼？因為一個四百元的壽司，它的設計一定是整套的，和店裡的裝潢風格、品牌定位、師傅手藝，全部搭配在一起後才會吸引人。炸雞店也是一樣，它必須有自己的一套搭配來吸引客戶。舉這個例子或許有些誇張，但是照抄我文案來用，給人的感覺就會是這樣！

例如以負責人的個性來說，我是個性比較冷靜的類型，寫出來的文案自然也是。今天如果有一間公司，平常粉專的發文很活潑熱情，卻突然抄了我的文案，看起來會怎麼樣？就會跟高級壽司店賣雞排一樣，超級怪的啊。

再來是公司文化，就像我的定位在高價值產品，定價也比較高，所以我的文案從來不會去強調有多便宜，而是用產品的「價值」去說服客人購買。但如果有一間定位在產品「超級便宜」，平常的文案也都強調下殺打折、各種優惠活動的公司，哪天突然用了我的文案做推廣，給人的感覺也是怪到不行。

思考自身定位再下筆

你一定很難想像，一間十元商店突然正經八百的強調高價值，是什麼感覺。畢竟十元商店的訴求，就是便宜啊！

還有，品牌風格也會有影響，像我的公司「貝克街」一直以來的調調，就是不占人便宜。舉例來說，如果客人跟我們買生日蛋糕，在宅配時發生意外遲到了，我除了退還蛋糕的錢、讓客人免費吃之外，還會在當下請客人趕快去買別家的蛋糕來用，錢由我來付。

在徵人文案裡，我們提到各種薪資福利計算時，都會寫得很詳細，完全不會去占員工便宜。因為我們平常的風格就是這樣，所以這樣寫別人都會相信。但今天如果是另一間常爆出勞資糾紛，或是做錯事不補償給客人的甜點店，就這樣抄我們的文案，反應會好嗎？

另外，再以貝克街的「甜點教學」產品為例，它的特色是教學內容非常詳細，就連只看影片的新手也可以很快學會。所以我在寫文案的時候，會把這個特色當作賣點，並附上試看的課程連結，整體看起來就會非常一致。這種文案加試看連結也很具說服力，讓人對我們的

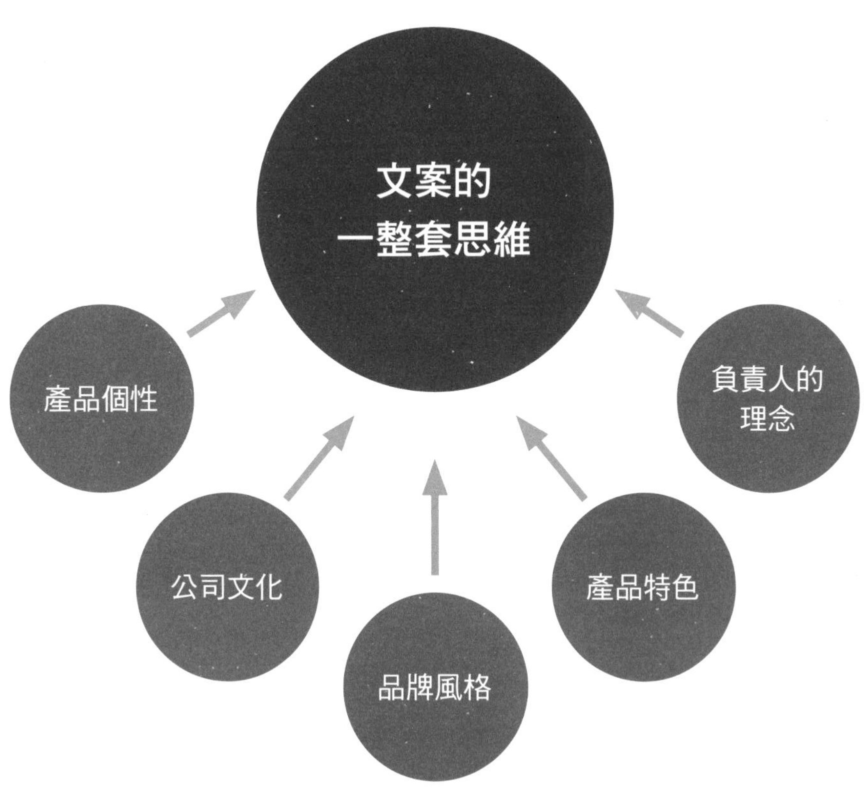
文案的
一整套思維
產品個性
負責人的
理念
公司文化
品牌風格
產品特色

特色印象深刻。

不像有些人教得缺東漏西，卻在文案裡自吹自擂說教得多詳細，但學生一看就完全破功，印象超差。

文案不只是我們表面上看到的，以為寫幾個字就能吸引人。沒有一整套的思維，就像一家店在寫文案時只想著：「現在很流行用熱情活潑的語氣在賣東西，那我也來試試好了。」之後就算店家的文案不是抄來的、全部都自己寫，效果也一樣不會好，因為這種只知其一寫出來的東西，客人是不會有感覺的。

所以你在寫文案的時候，不要想著別的小編都怎麼寫，好好想想你自己的個性、品牌風格等等特質，才能寫出吸引人的文案。

SUMMARY

「一整套」的文案設計

- 不要模仿別人。
- 保有自己的個性、筆調。
- 文案要與公司文化、品牌風格、產品特色相符。
- 整體一致威力更強、客戶更有感。

只在最關鍵處追求完美

再不放棄那些根本沒人注意到的細節，
你只會累死你自己。

你的完美，真的有意義嗎？

過去我以為，在創業初期忍耐高成本是必須的，雖然賺不到錢，但可以等營業額變高的時候再來獲利。把期望放在未來，沒有在一開始就把獲利擺在重要位置，是我犯的第一個錯誤。

也因為這樣，我又犯了第二個錯誤——追求完美。為了「精品蛋糕」這個定位，每一個細節我都想辦法做到最好。除了食材頂級之外，包裝也是費盡心思，光是蛋糕盒上的牛皮繩，一條就要好幾十元！

但之後我清醒了，我發現，**完美只能用在最重要的事情上**。

講得再實際一點，某些你以為的完美，對客人來說根本沒差也沒有意義，只是把自己搞得很累、又賺不到錢而已。以我為例，用很厚、很有質感的 DM，客人就會買我的蛋糕嗎？會增加他們回購意願嗎？並不會，但我卻要為了無關緊要的質感，多付好幾十元。

黑的提袋內側是很有質感，可是對客人有影響嗎？誰會注意提袋裡面是黑是白？一堆精品包包的提袋，內側也是白的。那些精品包包賣好幾萬元，我的蛋糕只賣一千元，可是包裝卻比他們還貴。硬盒有質感沒錯，但是軟盒難道就不能有精品效果？要知道，一個硬盒的成本就超過台幣一百元。

有了這個體悟之後，我變成**只在最有價值的事情上追求完美**。

客人會不會回購，最重要的是蛋糕本身好不好吃，所以我還是會繼續使用頂級食材。但包裝就不同了，我修正成能省就省後，才知道舊包裝的成本比新包裝足足多了三倍，修正完的新包裝或許沒有舊包裝漂亮，但拿來送禮還是綽綽有餘。

果然在修正完不久後，我也終於賺到比較合理的錢，再也不是每天做得半死，但收入卻比打工族還要少。

不必要的完美是拖累

所以每當有人問我，說他創業每件事都追求完美，做得好累、賺不到錢，可又不想在品質上妥協時該怎麼辦？

這時我都會跟他說，只要在對客人最有價值的地方追求完美就好。就像我舊包裝上的名片，漂亮到很多人拿來收藏，看起來很完美，但少了這張名片，客人就不會買我的蛋糕嗎？不會，所以我把它刪了。不過要記得修正也不要修得太過火，包裝的質感還是要維持一定的水準，讓客人在送禮時依舊有面子。

我知道不少創業家都是完美主義者，我很能理解那種感覺，可是完美也要有限度，不然只是累死自己而已。

SUMMARY

破除只要完美的迷思

- 不必要的細節，可以適度放手。
- 只在客人最在意的產品本身追求完美。
- 不是忍到將來，而是現在就要賺到錢。

別搞錯競爭對手

任何能滿足你客戶消費需求的人，
就是競爭者。

貝克街在創業初期，只賣六吋生日蛋糕，當時我的想法是：「每天都有人過生日，這個市場一定很大。」一開始確實是這樣，尤其當業績拉起來之後，公司也過了一段好日子。可一段時間後，業績卻開始往下掉，我得想辦法找出問題所在，是客戶不滿意？廣告很爛？文案讓人看不懂？網站有問題？還是有新的競爭者出現？

然而根據客戶的滿意度回饋，我確信產品本身沒有問題。後來發現廣告、網站確實有非常明顯的問題，不過這兩個都算好解決：廣告單純是我們的技巧爛，只要去上課學習就好；網站則是因為當初是設計給消費者在電腦上使用的，所以不符合手機的使用狀況，這點請工程師更新很快就能解決。

接下來就只剩競爭者的問題，我想是不是出現了和我產品定位相似的蛋糕店，導致我的生意往下掉？我馬上去搜尋，有沒有同樣賣精品巧克力蛋糕、包裝也很有質感的新店開幕，結果沒有。我又想，也許不要侷限精品巧克力蛋糕，其他類型的精品蛋糕店也調查看看好了。但，還是沒有。

我皺著眉頭坐在電腦前，一度還想：「難道，低品質蛋糕也是競爭者？」但這想法很快被我自己推翻，因為習慣吃精品蛋糕、拿精品蛋糕送禮的人，通常不會買低品質蛋糕，目標客群不同，不存在競爭問題。那問題究竟出在哪裡？

競爭者的迷思

當思考碰到死胡同後，我決定從最初的原點開始推想：

「我在賣什麼東西？精品生日蛋糕。」

「我的競爭對手是誰？賣精品生日蛋糕的店家。」

「但最近沒有新店家出現，廣告、網站問題也已經排除，生意為什麼還是變差？」

想來想去好像都沒問題，但是，我的心裡總感覺漏掉了什麼重要的東西……於是我又再推想一次：

「我的客戶會買精品生日蛋糕慶生，對手一定是類似的店家，可是最近沒有這樣的對手出現啊？」

想到這，我突然覺得哪裡不對勁，赫然發現關鍵在於「慶生」二字。想到「慶生」，我的腦海浮現出兩個畫面：

①一群人圍著大蛋糕，唱著生日快樂歌。
②一群人在餐廳吃飯，然後服務生微笑著出現……

第一個畫面沒什麼問題，因為我的蛋糕就是針對第一種情境設計的，有問題的是第二個畫面，那個服務生微笑著出現是要做什麼？他手上端著什麼？是蛋糕！誰的蛋糕？大飯店的蛋糕？法式甜點店的蛋糕？都不是，是餐廳的小蛋糕！

是了，現在很多人慶生根本不買蛋糕了，他們寧願把錢拿去高檔一點的餐廳吃飯，用餐廳附贈的蛋糕來慶生（或其他甜點代替）。搞到最後，原來我的競爭對手是高檔餐廳。確認想法無誤後，我開始針對餐廳慶生來改變我的產品，這才又將業績拉起來。

過去我以為只有和自己同類型的店家才是競爭者，但事實上，只要是能帶給客戶同樣消費目的的產品，非同行也是競爭對手。就像能達到慶生目的的不只有蛋糕，餐廳的料理也可以，所以兩方也可能存在利害關係。

所以，在面對競爭的時候，要以誰能達到客戶的消費目的來思考，才不會落入只有同業才是競爭者的盲點。

不是只有同業才是競爭者

競爭對手 ＝ 同類型商品 ＋ 能滿足目標客戶需求的所有產品

針對消費目的，擬定策略

消費時，客戶的第一考量是他的「目的」，確認目的之後才會選擇「種類」。

以吃的為例，客人去餐廳的目的可能有填飽肚子、聚餐、慶生、想吃某種特定料理等等。

這時如果你是一家美式餐廳的老闆，你的店裝潢氣氛好、空間大，正好提供客人一個聚餐的好選擇。而你的餐廳附近有兩家店，第一間是小小的美式餐廳，內用只有兩桌不適合聚餐；第二間賣的是異國料理，其裝潢舒適、空間寬敞、食物又平價，料理類型也很適合聚餐。此時，哪一間是你的競爭者？

你要注意的，是第二間餐廳。雖然它賣的餐點和你不同，帶來的服務卻是一樣，也就是聚餐。客人在考慮聚餐地點時，會把第二間餐廳和你的店同時列入考慮，而不是把賣相同食物卻空間不足的第一間餐廳拿來比較。

雖然有些人是會先看評價，再決定選哪一間店，但不管會不會受評論影響，「目的」一定還是擺在最前面。就像在這裡是聚餐優先，其次才是吃什麼？總不可能去一間評價很好，但卻只有兩張小桌的便當店聚餐吧？

但是，接下來客人決定要哪種料理（吃美式？中式？日式餐廳？）時，就不是你能控制的事情了，因為你餐廳的定位早已決定，所以你煩惱也沒用。**你應該將心力放在能達到同樣目的的競爭者身上，看看他們有什麼值得學習的地方？他們用了什麼方法，吸引人去店裡聚餐？而你又該用什麼對策來應對？**

所以不要只關注小小的美式漢堡店，因為你們的目標客群並不同。當然你可以學習小餐廳在餐點上的優點，畢竟產品好不好吃也是基本條件之一，但是別忘了你真正的競爭對手，還是那些能帶給客戶同樣目的的店。

又例如相機和手機，誰會想到看似完全不同的產業，竟然會在銷量上互相影響？但只要想到兩者都是能保存影像的工具時，就不會覺得奇怪了。先有這樣的認知，相機公司才能好好想出對付手機的策略，而不是只顧著和其他相機品牌拚個你死我活。

不管我們的行業是什麼，都要認清真正的競爭者是誰，才能讓我們做出最正確的分析與決策，幫助公司在市場中站穩腳步。

SUMMARY

當業績下降時請檢視

- 產品品質是否有異？
- 文字行銷、廣告效果不如預期？
- 有同樣定位的產品出現？
- 有同樣能符合客戶消費目的的店家？

—專欄—

寫文案不難！我家兒子的文案實驗

很多人都覺得寫文案很難，我一直跟他們強調，寫文案這件事真的沒有想像中可怕，後來我靈光一閃：「乾脆弄個證據，讓他們知道文案一點也不難吧？」

所以我直接叫來十二歲的大兒子，請他幫貝克街的產品寫篇文案，放上 Facebook 打廣告看看成效如何。

我要他寫的產品是「十二年威士忌冰淇淋」，但在寫之前我讓他先做幾項準備：

①看過我之前為這款產品寫的文案。

②上網了解我們使用的酒：背景、味道（畢竟不能讓未成年的他直接喝）。

③直接試吃這款冰淇淋，細細品嚐，把吃到的味道、香氣記錄下來。

做完這三件事後，他寫出這樣的文字：

> 十二年威士忌冰淇淋，開放訂購！
>
> 入口的第一個感覺是先感受到噶瑪蘭的熱情，再來用舌頭推推看冰淇淋，你可以想像一塊布朗尼，淋上了濃郁的巧克力醬，並用木盤與木插襯托出布朗尼的美味。

再來把注意力轉向威士忌冰淇淋，現在已經出現了熱帶果香的氣味、香濃的麥芽味，有著兩種極緻香氣的冰淇淋，混搭在了一起，達到完美的平衡。

這款冰淇淋可以讓你感受到員工的用心製作，與歲月十二年的加持，達到了無敵的境界。

現在的優惠價格是三九〇／一杯，四杯免運費，××／××的 23:59 截止，訂購連結：××××

（賣完會提早收單）

門市可以直接買，來之前請來電詢問還有沒有現貨

電話：×××

地址：×××

乍看之下還好，但仔細一看，裡面有贅字、通順的問題，所以我叫他再改一遍，就變成：

十二年威士忌冰淇淋，開放訂購！
入口是先感受到噶瑪蘭的熱情，再來用舌頭推推看冰淇淋，會露出伊莉安黑巧克力蛋糕，你可以想像是一塊布朗尼，淋上濃郁的巧克力醬，放在胡桃木盤上向你大聲叫喊：「快來吃我！」
再來把注意力轉向威士忌冰淇淋，現在已經出現了熱帶果香的氣味、香濃的麥芽味，有著兩種極緻香氣的冰淇淋，混搭在一起，達到完美的平衡。
這款冰淇淋可以讓你感受到員工的用心製作，與歲月十二年的加持，達到了無敵的境界。
現在的優惠價格是三九〇／一杯，四杯免運費，××／××的 23:59 截止，訂購連結：××××
（賣完會提早收單）
門市可以直接買，來之前請來電詢問還有沒有現貨
電話：×××
地址：×××

問題還是不少，但既然是要看小孩寫的文案成效如何，我想就別再叫他修了，直接用來打廣告。我把兒子沒修過和修過的兩篇文案一起，瞄準同一受眾做 AB 測試，結果兩篇文案成效幾乎一樣，平均一六一元的廣告帶來一筆訂單！（修改過的

文案好了一丁點，廣告費便宜三到五元）。一筆訂單的金額是一五六〇元，等於廣告費占了約十%左右，以貝克街的成本結構來說是及格的，能讓我們獲利的。

為什麼這兩篇文案的問題不少，卻還是可以獲利？

前面講過，第一篇文案「乍看」之下沒問題，「仔細」看的話就有不少缺點。但是你想一下自己在看廣告文案的時候，是「很快速地瀏覽」還是「仔細地看」？

都是快速瀏覽吧，人的腦在袋快速瀏覽字文的時候，會自動修正問題，就像前面這一句「人的腦在袋快速瀏覽字文的時候」，大部分的人不會發現裡面的文字顛倒了（少數一字一字慢慢讀的人就會發現，但那真的很少數）。

所以重點是，事前的準備功課要做好，好好了解產品本身，所以在開頭我才叫他做那三件事。

我幫這冰淇淋寫過各式各樣的文案：研發的血淚過程、美味的描述等等，所以看完之前的文案，就會對這冰淇淋有不少了解。再來，這款冰淇淋的重點在於「酒香」，所以我才給兒子一個方向，讓他去看看酒的資料，最後再實際品嚐冰淇淋。

功課做得足夠，再想辦法去描述它的優點，文字的威力就會出來了。

你可能發現到了一個重點，那就是「我給了明確的方向」讓兒子準備，如果沒給這麼明確的指示，那最後的文案大概會是悲劇收場。

不是因為多會寫文字，所以東西賣得好，而是能不能用淺顯易懂的方式寫出來，讓人好讀，對這產品有真正的了解，文字才能把東西賣出去。

不要害怕寫文字，如果你夠了解自己的產品、市場，就大膽寫下去，走出第一步吧！

CHAPTER 2

概念釐清

12個心法寫進顧客的心

網路、社群媒體上，
主動閱讀的、被動推播的，
各種行銷文案充斥我們的生活周遭，
每日有數十甚至上百篇的大量資訊湧入，
你記得的有幾篇？
你記不得，客戶也不會記得，
寫不進人心，再嘔心瀝血的文案也等於白寫。

心法①
從拉近距離開始

想要讓客戶理解你的文字，甚至產品，
第一步是讓對方不抗拒。
如何減少距離感，可以從一個小地方做起。

寫文案的重點，就是要讓對方覺得你在對著他說話一樣，而不是寫一篇文情並茂的文章。原因有兩點：

① 文字像是在對自己講話，才會覺得和自己有關，把它看下去。
② 對話的文字比較簡單易懂，容易讀。

① 覺得和自己有關，把它看下去

就像你和朋友聊天，很少會聽到睡著，但如果是聽演講，大概沒幾分鐘就會昏睡過去。因為朋友是對著你講話，事情和你相關，你就會比較有興趣，但演講者是跟一群人講話，不管內容是什麼，你都比較難感覺和自己有關係。（除了高明的演講者，就算有幾百人在場下，你還是會感覺他在對你講話）。

當然，你可能會想「聊天的內容和演講又不一樣」。這就和接下來要談的第二點，為什麼要寫得像是對話的原因有關。

②對話的文字簡單易懂，容易讀

人是討厭動腦袋的生物，看到像是演講一樣的文字，大部分的人都會自動跳過，一點都不想看。但如果是好讀的字、句子，讀下去的機會就大多了。

演講也是一樣的道理，有的人演講讓你聽不下去，有的人演講卻很生動精彩。除了內容編排之外，會讓你覺得精彩的原因，就是因為你感覺台上的人在對著你講話，而不是唸著死板的講稿。

唸講稿，雖然可以流暢唸出華麗的字句，但就超級枯燥乏味啊！

對於文學修養很高的人來說，他也許比較喜歡聽華麗字句的演講，但是今天我們做行銷，重點是要把東西賣給誰？要賣給少數文學修養超高的人，還是一般人？當然是賣給一般人，市場才夠大。

像面對面說話一樣

想要讓客人在看文字的時候，覺得你在跟他講話，其中一個關鍵就是在稱謂部分用「你」，不是「您」。這點我在《成為1%的創業存活者》講過，因為平常跟朋友在對話的時候根本不會用「您」，一旦用了「您」，就感覺很有距離感，好像在跟服務生對話一樣。

就像我這篇文章開頭，如果改成用您的話會變成：

寫文案的重點，就是要讓人覺得您在對著他說話一樣……

就像您和朋友聊天，很少會聽到睡著……

看起來是不是很彆扭？不過，有不少人提出一個疑慮，那就是用「你」跟讀者講話，會不會讓他們感覺被冒犯？

有兩種情況可以討論：一個是單純看到「你」這個字就感覺被冒犯的人，這種人真的是少數，甚至可能在情緒控管上有問題。別讓這種人變成客戶，會省掉你很多的麻煩，用「你」反而可以篩掉他們。

第二種情況，是在文字裡寫「你」的時候，提到不好的例子，怕讀的人被冒犯，覺得你在講他。例如我寫過一篇文章，主題是不鼓勵創業者一次就投入所有的錢在創業上，其中一段文字是：

你存了一大筆錢之後，為了創業準備豪賭一把，所以把錢全部花光光……

根據我過去寫了好幾年文章的經驗，當我用了「你」而寫下的事情，如果讀的人剛好身上也有發生過，他只會更有共鳴地說：「啊，沒有錯，我以前就是這樣子，完全就是在說我。」

至於沒有發生過類似經驗的人，也不會被這段文字冒犯，只會覺得你在講其他人而已。

不用怕得罪人

但是有一種情況要避免，那就是不要在用了「你」之後下論斷，做出難聽的批評。例如前面提到創業把錢花光光的例子，如果你在後面緊接著說：「這樣做真的是很笨，為什麼不多想一想？」那就真的會冒犯到人了，而且這種寫法，不管是用你、我、他哪個稱謂，都會讓人不高興，想要和你筆戰。

用「你」不會冒犯人，是不妥的文章內容才會冒犯人。

另外，有些人的閱讀理解能力有問題，所以他們看完你的文章之後可能會生氣，或是作出反駁，你的心裡也一定會想：「呃……我文章明明就不是這樣寫，也沒有這個意思啊。」如果大部分的留言都能理解你文字的意思，那就可以確定是那一個人的閱讀或理解能力有問題，對於這樣的人，別理他就好。

「別理他」三個字聽起來很簡單，但就是有一堆老闆會忍不住想回覆，還有人來問我遇到各種酸民的留言，該怎麼辦，我一律說：「為什麼要浪費時間在這些人身上？別理他們就好。」

但如果有兩個以上的人得到的訊息跟你想講的不一樣，你就要再回頭確認自己的文字，是不是需要寫得更清楚。所以別怕得罪人，只要用對了稱謂，和讀者的距離會瞬間拉近！

SUMMARY

拉近距離有祕訣

- 從用對稱謂開始，拉近距離。
- 超過兩人無法理解你的文字，就要回頭審視。

心法②

打動對方的故事

一個好的行銷故事不僅能吸引人看下去，
還能打動顧客的心。

有一次連假，我和家人到淡水老街玩。老街除了賣小吃外，還有不少街頭藝人表演，我和小孩不時停下來欣賞，然後放一些錢到藝人的箱子裡。就這樣走走停停，來到一座廟前，看見幾個黑衣男子坐在地上，用紅線圍成一個大圈圈、中央升起一團火，空氣瀰漫著焚香的氣味，我想，又有表演可看了。

趁圍觀的人還少，我和家人找了個好位子，等待表演開始。幾分鐘後，一個黑衣男起身，提著一根漆黑的棍子，兩端點火。那火燒得特別大、特別紅，很快棍子兩端就被凶猛的火舌纏繞。

男子看著火焰，緩緩把棍子打橫提到腰間，接著大吼一聲，把棍子往天空一拋，瞬間「轟」的一聲兩道火焰直衝上天！然後男子開始表演，那華麗的姿勢、技巧，看得觀眾驚呼連連，圍觀的人也漸漸多了起來。表演告一個段落後，男子放下棍子，拿起麥克風跟大家說：「接下來的表演，代表著我的人生歷程與遭受過的考驗，是一段很珍貴的回憶，在這裡獻給大家。」接著他把上衣一脫，所有觀眾的情緒也瞬間沸騰，因為他身上有一大片燒傷的痕跡，胸膛皮膚布滿皺摺坑疤，令人怵目驚心！

然後他又拿了一根棍子，點了火。剛剛有提到，前面的表演棍子燒得很旺、火很大吧？但這次的表演，火焰更甚，像一頭張牙舞爪的火獸，表演內容也危險許多。這時我清楚看到，男子表演時表情扭曲，臉上掛著斗大的汗珠與淚水（雖說淚水是被煙燻的）。表演結束後，全場雖是圍著滿滿的人卻鴉雀無聲，只剩下表演男子大口喘氣的聲音。男子走回場地的正中間，再度拿起麥克風：「就像你們看到的，我在練習的時候曾經受過很嚴重的傷，那時候我一度考慮是不是要放棄……」他頓了頓，又說：「可是我堅持下來了。繼續表演我最愛的火舞，也曾帶團到歐洲、韓國、日本等多個國家表演，沒有放棄……」

接著，他又放下麥克風，站在大廣場的正中央，閉上眼睛，然後用盡全身的力氣嘶吼：「我的夢想，就是讓大家不再害怕火舞，成為台灣的驕傲！」語畢，現場還是寂靜無聲，幾秒鐘後，觀眾才像是睡醒了一樣，大聲鼓掌喝采。最後，他拿出打賞箱子，邀請大家投錢支持。

有趣的是，一般街頭藝人的箱子裡，大部分都是零錢，很少會看到鈔票，但這個街頭藝人的箱子，幾乎沒有零錢，通通都是滿滿的鈔票，甚至還有不少大鈔。

架構故事的快速練習

平心而論，若單純以表演精彩程度來看，很多街頭藝人的表演並不輸給他，但得到的錢和觀眾的反應卻是天差地遠，這是為什麼？因為他**加上了故事**，而且是個很動人的故事。甚至我太太在看完表演後，都說她差點就感動得流淚了。

這也是為什麼，**我很喜歡故事，因為它能打動人**。

所以，我常用說故事的方式來行銷，因為人類自古以來就喜歡聽故事，只要用吸引人的故事開頭，就能讓客人有興趣看下去。

好，那現在問題來了，「一個吸引人的故事該如何開頭？」要寫出厲害的故事，得先閱讀過大量的高水準小說。不過一本小說通常很厚，需要花一段時間才能看完。但「**練習」的關鍵之一，就是要在短時間內重複嘗試**，所以如果要好幾天、好幾星期才能看完一個故事，那效率會很差。

所以我發現了一個訣竅，既能在短時間內看完故事，又能學習怎麼寫。那就是：**先看寫給小朋友的版本，然後再去看原作。**

這裡指的，不是專門為小朋友創作的故事，而是將既有的小說，用簡單的文字與短篇幅重新書寫、給小朋友看的童書。像我小時候看過的《大師名作繪本》，裡面有狄更斯、魯迅、馬克吐溫等許多名家寫的故事，並以大量圖片、易懂的詞彙，把故事濃縮起來讓小孩也能理解、閱讀。

這些作品的原作，光讀一本就要好幾個小時，但看《大師名作繪本》，一本不用五分鐘。你可以很快看完最厲害的幾十個故事，然後試著**去理解，一個吸引人的故事讀起來該有什麼感覺、該如何架構，**而不是把時間都花在讀故事上。

我並不是指所有的小說、故事，都只看兒童版就好，這不過是一種讓你快速看完各種故事架構的練習方式而已。所以我才會說，第二步是要回去看原作。

只有你真的看完一整本書，才能真正感受裡面的細節，融入在劇情裡，這也是只看簡短版本沒辦法體會的。另外，看原作也可以幫助你寫文字更流暢，不會卡卡的。我也建議你看金庸小說，看他如何說故事，他的作品我讀過好多遍都讀不膩，因為實在太吸引人了。

當然，**最後你還是要親自動筆練習，然後把你寫的故事拿給別人看，再根據人家的建議去改進。**利用這樣的練習，你很快就可以寫出吸引人的故事。

一個好的故事，會大大提升行銷的威力，絕對值得你花時間和精力去學習。同樣的，很多成功

架構組成 3 步驟

① 讀童書版本
② 看原作
③ 動筆練習

的廣告也都是用故事開頭，很吸引人，未來再看到這些廣告的時候，可以分析一下它們講了什麼故事，還有它們為何吸引人。

SUMMARY

行銷故事練習訣竅

- 大量閱讀高水準小說。
- 從精簡版讀物學習故事架構；再讀原作感受細節鋪陳。
- 動筆練習，並根據旁人的建議改進。

心法③ 從生活中找點子

讓你的大腦動起來，
像鍛鍊肌肉一樣，
去發掘那些引起情緒波動的過程，
就有說不完的行銷故事。

看別人說故事好像很簡單，但輪到自己時卻總是腦筋一片空白，究竟要從哪裡下手？當我們要寫故事來當行銷文案時，我最推薦的是真實的故事，尤其是發生在自己身上的最好，而不是虛構的故事。

因為**真實發生的故事最容易引起共鳴，有了共鳴，讀者才會有興趣看下去，也會感覺和自己是有關係的！**但如果是一篇虛構的故事，或者是發生在國外的故事，就會感覺和自己無關，容易略過文案不看。

例如我有一篇的故事開頭是：

昨天我去銀行的時候，看到路邊有個機車車位，就順勢停了進去，結果有個人衝過來嗲聲嗲氣地大叫：「你這個人沒有長眼睛嗎？我在對面車道就已經在等位置了，你怎麼這樣……」

這個故事的開頭，不少人也碰過類似情況吧？類似這樣的故事可以很快引起共鳴，再加上衝突、好奇等各種元素，會讓人有想要繼續看下去的慾望。

但如果是虛構，或是發生在國外的故事，會像這樣：

在第二次世界大戰的某個深夜，有個士兵蜷縮在戰壕裡，看著身旁戰死的朋友哀嚎：「為什麼你要……」話還沒講完，一道閃光劃過天空，發出刺眼的光芒，整個平原像是白晝一樣明亮，士兵愣愣地望著天空，時間彷彿靜止了一般，突然……

也許這也是篇吸引人的故事，但就會缺少「共鳴」，因為故事所描述的內容，是一般人在現實中沒有體會過的，少了共鳴的文字，效果就會比較差。

這時有個問題是，很多人會覺得自己的生活平凡無奇，或根本就沒有什麼故事好寫，怎麼辦？

我會建議你先加入一些街頭攝影的社團，看看裡面的作品，看他們如何把平凡無奇的街道拍得很有感覺，看了一陣子後，你會發現他們靠的是觀察力與好奇心。同理，寫故事也是一樣。

留心生活周邊，好故事俯拾皆是

在生活中有很多事情是值得寫的，像每天寫日記就是很好的練習方式。記得不要寫流水帳，想辦法挑出一天之中有趣的、難過的、興奮的、生氣的、任何引起情緒波動的事來寫（只要是能挑起情緒波動的故事，大家都會有興趣看）。

一開始可能要想破頭，花很多時間才能寫出一篇故事，但是這和練習肌肉是一樣的，當腦袋越來越習慣之後，你就能很快找到值得寫的故事。所以要開始幫產品寫行銷文案的時候，你可以先列出以下幾點：

①研發（或找）這產品的過程。
②產品特色。
③客人的使用經驗、評價。
④任何和公司有關，可勾起情緒的事。

然後從這幾點去發想，周遭有沒有什麼故事是和它們有關聯的？以我公司研發產品的過程來說，曾有位日本的甜點大師對我們某一款蛋糕感到驚豔、讚不絕口，讓我的主廚受寵若驚，這就是一段可以拿來寫的故事，最後再帶到銷售文案，效果非常好。

又或是有一款巧克力冰淇淋，使用的可可豆來自一個熱帶國家的莊園，而那個地區決定不再種可可豆（要改種更好賺的農作物），所以我就以「消失的巧克力」來做為故事主軸，幫這款冰淇淋寫文案。

或者以產品特色為例子來發想，像我的巧克力蛋糕是用莊園等級的，有些會帶有熱帶水果的酸香，但有客人不懂，打電話來大罵說蛋糕怎麼發酸壞了？而這又是一個可以讓我寫的故事開頭，最後再帶到我用了什麼原料。

還有客人的使用經驗、回饋給你的使用感受，也是很好的故事，這種發想方式還是最快、最簡單的，既可以很自然的帶到產品，又很有趣也不會讓客人覺得突兀，在你覺得想不出故事的時候可以試試看。

SUMMARY

容易引發共鳴的故事

- 發生在自己身上的。
- 真實非虛構的故事。
- 貼近一般人生活的事。
- 能引起情緒波動的。

心法④
避免「先入為主」斷商機

面對新客人人，你提供的資訊越詳盡，成交機率就越高。

我家附近，有一個遙控越野車的跑道，很多人會在那邊玩車。我兒子看了非常喜歡，免不了一直問：「我可以買一台嗎？我可以玩嗎？」我說：「那種遙控車是大人玩的，先看看就好。」沒想到他完全不放棄，並且在觀察各家的遙控車之後跟我說：「我發現有一些比較小的車，也可以在那個跑道跑，而且還比較便宜！」

據我所知，大的遙控越野車售價要台幣好幾萬元、小的大概一千多元。我告訴兒子，等他把錢存夠了就可以買。經過好幾個月的努力，他終於如願以償，帶了新買的小越野車到跑道上奔馳。後來我想：「不然我也買一台一起玩好了，畢竟這東西就是要比賽才有趣。」

所以，我帶著兒子到一家遙控模型車專賣店，準備挑一台我要玩的車。只是沒想到，除了車子本身以外，就連遙控器、電池、充電器等其他零件都要另外選購，並不是一盒裡就包含全部的配件。

而且光是遙控器，價格就有一千多元跟兩千多元的。我問老闆：「這兩款遙控器有什麼不同嗎？」老闆說：「便宜的遙控器只能操控一台車，貴的可以控制很多台車。」我想我只有一台車而已，應該不需要貴的遙控器吧？但我的直覺告訴我，應該要再多問一點，所以我又問：「兩者只差在控制車子的數量嗎？沒有其他不同？」老闆肯定的回答：「對！」

雖然我對遙控車一竅不通，可是我還是覺得哪裡怪怪的，好像再多問一些問題會比較保險，接著我又問：「那操控車子的靈敏度有差嗎？」老闆一副理所當然地說：「有啊，貴的這支操控性比較好，更適合初學者。」我沉默了，心想：「要是你早點這樣說，我也不用花時間煩惱，早就選貴的了。」

買了遙控器後，老闆幫我開箱測試，看著他在遙控器上調整各種數值，我好奇地問：「調整這些數字的作用是什麼？」老闆說：「這支遙控器可以控制車子轉彎幅度，你之後可以自己再調整看看，找到最適合你的數字。」我想了想又問：「那便宜的那支也可以調整轉彎幅度嗎？」老闆說：「便宜的不行。」

只要仔細探究，就知道兩支遙控器的差別不只在控制的台數，但為何老闆一開始只有提到這點？也不是只有買遙控車會發生這種事，我在買車（真正的車）時，也發生過類似的情形。

建立專業度，讓客人願意掏錢

某一次我買車，和業務員簽約的時候，我看到他在合約上寫的金額，比實際賣價貴了好幾萬，我問他：「這價格是不是寫錯了？」業務員一看，馬上說：「啊，真不好意思，我馬上改。因為其他客人大多是買這價格的車款，所以不自覺就寫這個價錢了。」（這裡先不討論他是不是故意的）。

我說：「那這個比較貴的車款，有什麼不同？」業務員說：「喔，就速度快了一點而已。」「所以除了速度，沒有其他不同？」「對！就只差在速度。」我想了想，跟他說：「我開車不快，所以貴的這台對我沒差別，還是買原本的就好了。」業務員點頭說：「是啊，不要求速度的話，這台就可以了。」

但是我的第六感又來了，覺得事情沒這麼單純。於是我又問他：「可以讓我試坐那台比較貴的車子嗎？」業務員說：「當然沒問題！」坐上車，我摸了摸內裝、打開音響，然後我傻眼了——這台車的音響效果非常震撼，跟我原本選的比起來天差地別。詢問業務員之後，他也只是微笑說：「沒錯，兩部車的音響等級不一樣。」

我嘆了口氣，心想：「那你剛剛還說只差在速度？」（何況我一開始就有跟業務員說過，車子的音響好壞對我很重要）。

不管是創業還是工作，人們常常會有一種「先入為主」的想法：**認為客戶認識我的產品是理所當然的，不用特別去講，客人應該都知道，但其實不是這樣。**尤其是對剛接觸產品的新客人人來說，可能連最基本的產品差別都不懂，這時銷售者若「先入為主」，用客人都懂的心態來說服他買東西，那效果絕對很差。

同樣的，如果你已經知道**客人對產品不熟悉，更要從最基本的開始介紹，這樣成交的機率會比較大。**因為客人會覺得你很專業，再加上你詳盡的解說，客人會認為你很值得信任。**面對自己信任的人，客人通常會更願意掏錢出來買**（當然，要是對方已經是老手，就可以介紹其他的差異部分，不用從最基本的開始講起）。

像我到任何一間店，只要老闆很詳細地講解產品特色、不同產品差別之處的話，有超過九成以上的機率我都會買；可是如果老闆省略很多資訊、簡單介紹帶過，那我很有可能看看就算了。

套用在文字行銷上也是一樣，你可以**將初學者不了解的知識，透過廣告文案呈現出來**。因為很多人以為自己懂，但其實他是不懂的！當你用文字寫出他不懂的事，然後再告訴他有用的知識，就會讓人恍然大悟，對你的信任感也會大幅提升。

例如很多人覺得自己懂巧克力，以為可可含量越高代表越高級，但事實上不是這樣。所以這時候你就可以用文案，破解巧克力可可含量高低的迷思，然後再進一步告訴客人巧克力的評鑑原則，讓你的巧克力行銷文字更具說服力。

所以無論你是在做現場銷售，或是要寫文案說服客人，都不要有

「先入為主」的想法，只要從最基本的知識開始介紹，一定會有不錯的效果。

SUMMARY

寫給新客人人的文字行銷

- 不要以為客人都懂，要從基本知識開始詳細說明。
- 針對錯誤迷思，提供正確有用的資訊。
- 建立自身的可信度與專業感。

心法⑤
解決客戶的疑慮

客戶無法對你的產品下單，
很多時候是因為不熟悉、有疑慮。
該怎麼做才能讓他對你的產品有興趣呢？

我的行銷課程會要求學生寫功課，然後交給我來修改。

文案教學的章節裡，其中有項功課是請學生寫一篇文案，解決客人對於產品的疑慮。舉例來說，假設學生是賣烘衣機的，客人的疑慮是怕衣服縮水、機器耗電，那就要在文案裡打消他們的顧慮。

只有解決顧慮，客人才會下單購買，這是行銷人最基本的技巧。

有個學生是賣水餃的，他說：「我客人的疑慮，就是沒有吃過我的產品。」

我問：「你的意思是因為沒有吃過，不確定好不好吃，所以不敢買嗎？」

學生說：「對。」

我請他用課程裡教的技巧，寫一篇文案來解決這個疑慮。

最後，他給我的文案是這樣：「沒吃過的來吃看看吧，你一定會喜歡的。」

看到他的作業，我沉默了幾秒鐘，認真思考是不是自己教得太差，所以他才會寫出這樣的文字……

問題是，其他學生不會寫成這樣啊！我又仔細想了想，可能是學生覺得這個疑慮沒辦法只靠文字解決，沒吃過就是沒吃過，所以這題作業直接放棄亂寫。

也許，「沒吃過，不敢買」的問題對一般人來說，只能靠試吃來解決，但其實單純靠文字也是會有幫助的，我列出其中幾個方法。

①利用聯想

客人可能沒有吃過你的產品，但是產品的「原料」卻是有吃過的。像我一開始在賣巧克力蛋糕的時候，市場上沒人吃過我的甜點，所以我的方法是在文案裡把原料詳細地列出來，加強客人對產品的信心。

而且我連品牌都列，油、巧克力、麵粉、雞蛋……用什麼牌子都寫得清清楚楚。這些品牌客人就算沒用過也會聽過，所以潛意識裡會不自覺地產生聯想，覺得我的東西應該是好吃的。

水餃也是一樣，是用了什麼豬肉、哪個部位、哪裡產的高麗菜都可以寫，再加上描述的形容詞，就算客人沒吃過，也會被打動，例如原料可以這樣寫：

高山初秋高麗菜

台灣黑毛豬胛心肉

嘉禾牌特級粉心麵粉（鼎泰豐專用）

火炒小磨香油

厚肉三星蔥

只列原料，其他文案什麼都沒寫，就算你沒有吃過，是不是也會想要試一試？

②深入介紹

你可以針對其中一、兩個原料來做深入介紹，更加引起客人「想吃吃看」的情緒。如果你擔心文筆不好，可以直接上 Google 搜尋，看看大家是怎麼介紹這類原料，把內容消化之後寫出來就可以了，記得不要抄。

例如高麗菜，你可以查詢：高麗菜品種有哪些、高麗菜怎麼挑等等，就會有很多資料讓你參考，然後把它們寫進文案裡。例如：

水餃裡的高麗菜，在試過這麼多輪不同品種之後，最後選了高山初秋，因為它最清甜，煮過之後一樣維持脆爽的口感，然後……（接下來寫更多的描述）

有興趣的話，有個功課可以做看看，那就是查詢這幾個關鍵字：

黑豬肉與白豬肉差異
小磨香油是什麼
高麗菜品種
蔥品種

查了之後，不要只看第一篇文章，至少再看個三、四篇。消化裡面的資訊後，對於怎麼介紹平凡無奇的水餃，你腦中會馬上出現很多靈感，寫出讓人想吃的文字。其他常見的招式還有列出得獎項目、證照、經營時間等等，不過前面提的「利用聯想」、「深入介紹」，是我覺得最方便，也非常有力量的做法。

得過獎項的話，是會有不少加分效果，客人會覺得既然你的產品得過獎，就算沒有吃過，應該也不會踩到雷吧？不過獎有很多種，你得到的獎最好是跟「好吃」有直接的關聯，例如米其林、亞太五十最佳披薩、五百盤等等。如果你得的獎項和好吃沒有關係，而是設計獎、文化部獎項之類的，那就不太有效果。

至於證照，效果也比較小，就像你買蛋糕的時候應該不會看師傅有沒有乙級證照吧？除非是比較特殊的證照，例如處理河豚的特殊證照，那就不一樣了。

但是，不管是獎項、證照還是經營時間，這些東西都不是這麼好取得，最好用的還是直接用文字提出證明，解決客人沒吃過的疑慮。

多多練習這個技巧，並且善用 Google 搜尋，你會馬上看到效果！

進一步利用搜尋技巧，寫出文章

寫文案的最大目的，是要客人看了文字後想買你的產品。為了達到這個目的，有很多不同的技巧，例如前面提到解決客人的疑慮。還有一個最直接又暴力的技巧，就是只描述產品的優點、外觀。

以食物來說，你應該有被廣告文字吸引過，寫得讓你很想吃吧？

例如之前我在賣麵包課的時候，需要描述麵包的口感，其中兩款我是這樣寫：

……棉花糖吐司，口感就跟棉花糖一樣蓬鬆柔軟，像是在吃一朵雲，配上火烤後的焦香杏仁片，滿滿的幸福和夢幻，工作室裡的女生把它選為心目中的第一名。

……這佛卡夏的色澤金黃，口感蓬鬆柔軟、溫暖，吃在嘴裡，就像是咬了一口剛晒完太陽的棉被一樣，很暖和。把它再配上新鮮迷迭香，蘸著橄欖油吃，會嚐到天然食材的麥香、橄欖油的果香，你就能理解為什麼這麼多人想學

> 它……
> ……剛烤好的時候它的外皮會酥酥的，整個口感外酥內軟，
> 超好吃！

這兩個文案發出去之後，效果非常地好，報名人數大幅增加，還有學生說寫得太吸引人了（不過再次強調，同樣的文案不可能吸引所有人，一定會有某些人看了沒感覺，重點是吸引大部分的目標客群，而不是全部的人）。

有人跟我說過：「但是我文筆很差，腦袋想不出來這些描述怎麼辦？」

想要寫出吸引人的文案，多看書是必須的，但是有一些小技巧可

以用，讓你很快就可以上手，那就是利用 Google。舉例來說，假設你今天想要寫起司蛋糕的文案，就在 Google 搜尋「起司蛋糕的味道」或「起司蛋糕的口感」，把描述的形容詞列出來。

像是搜尋「起司蛋糕的味道」後，出來這一段文字：

冷藏一晚的巴斯克蛋糕會有很濃郁的起司香，口感濕潤，香氣也非常足夠，微酸的奶油乳酪與滑順的鮮奶油能提升起司蛋糕的風味，

然後再搜尋「起司蛋糕口感」，出現：

重乳酪口感會比較綿密細緻……

看起來就會比較蓬鬆、空氣感……

畫線部分就是形容詞，有適合你產品的，就可以把這些詞用上去。如果上面列出來的形容，你覺得不夠、不適合、不滿意，可以再點其他文章，看看裡面都寫了些什麼，把形容詞抓出來。

這個技巧不只是用在食物而已，任何產品都可以。假設你經營密室逃脫，想要寫文案吸引客人，一樣可以查詢密室逃脫的心得感想，出現的形容詞會有：

身歷其境、好像在夢裡、電影裡才能看到的場景，

在眼前發生、緊張到忘記呼吸……

而不是只會寫：很好玩，非常好玩。

顏色也是，有時候你會想要形容產品的顏色，讓人覺得很漂亮，可是你腦袋裡想到的只有藍色、綠色、紅色這種基本說法，怎麼辦？一樣去查 Google 大神，打入「××顏色的形容詞」。例如輸入「綠色的形容詞」，會出現好幾篇文章，把它們整理之後會有：

翠綠、深綠、碧綠等等。

也可以輸入「××色的東西」、「綠色的植物」或是「綠色的水果」來找靈感，例如輸入「綠色的東西」，會看到西瓜、小黃瓜、橄欖等等，把這些東西後面加上「綠」字，哪個聽起來吸引人？

西瓜綠，聽起來還好。

小黃瓜綠，不怎麼樣。

橄欖綠，好像不錯！

也可以試試風景，輸入「綠色的風景」，會出現湖泊、山、樹、草、青苔等等，和前面一樣，套入「綠」試看看，哪個聽起來最好就行了。你也可以寫長一點的形容詞，再把「綠」寫進去，例如「像嫩芽般的翠綠」。

除了 Google，還可以利用美食節目、YouTube 來挖形容詞。有水準的美食節目主持人都會做功課，他們非常懂如何形容美食的味道，你可以一邊看一邊記下來他們的講法，用在文案上很有效。

就算是賣車的，也一樣有用，現在 YouTube 上有很多頻道會幫車子做評測，看看他們是怎麼形容、讚美車子的內裝、外部烤漆、速度、舒適度、安全度等等，然後全部寫下來。

之前我看過 YouTuber 在介紹以安全為主的車子時，這樣說：

坐在××車裡非常有安全感，好像坐在一台堅固的坦克車裡

用坦克車來形容安全感，就是可以參考的形容詞。

利用這些方式，你可以快速找到形容產品的字詞。當然，平常還是要多看書，才能讓字句更順，把形容詞連接起來，變成完整的文案。

SUMMARY

深入介紹，挑起購買的渴望

- ✔ 解決客戶的顧慮，他才可能會下單。
- ✔ 利用聯想，拉近客戶與你產品的距離。

心法⑥
讓客戶有收穫最重要

如何讓文字在顧客心中留下印象？
答案是讓他看到他想看的，
所以，重點就是讓顧客有所收穫。

我加入了一個 Facebook 的行銷社團，裡面很多人會分享自己的行銷做法，或是提出問題。但我發現這個社團有個特別的現象，那就是有不少發文的人都是匿名的！

後來，有一個人留言問：「為什麼這麼多人的貼文用匿名？有什麼見不得人的嗎？」

另外一個人說：「這裡太多厲害的高手了，怕分享之後被其他人笑吧。」

我一直強調要創造價值給客人，而**創造價值最好的方式就是給出對他們有幫助的內容**。可是這時候，有些人就有心魔了，他們會像那些在行銷社團裡匿名的人一樣，覺得「我又不是多厲害的人，分享這些內容不是會被笑死嗎？」

這時候你就要先想一想了，你的客戶都是怎樣的人？他們懂的東西會比你多嗎？以正常情況來說，客戶懂的很少，不會比老闆多！

讓客戶信任你

我上過一個大師行銷的課程，他說：「你不用變成大師才能教人，你只要比自己的學生多懂一些，讓他們學到東西，他們就會信任你。」

不只是教課，賣東西也是一樣的道理，你只要比客人還懂一些，你分享的內容能讓他們有收穫，那就可以了。舉例來說：

我在賣巧克力蛋糕，喜歡吃巧克力蛋糕的人，會懂怎麼挑選品質好的巧克力嗎？

他們知道大賣場的廉價巧克力和高級百貨的昂貴巧克力，差在哪裡嗎？

就算是巧克力愛好者，通常也都不知道怎麼分辨品質吧！

如果我今天寫了一篇文，告訴他們怎麼挑到品質好的巧克力，是不是會讓他們覺得有幫助？**一感覺到有幫助，就會對我的品牌產生好感，產生信任。**

當然，一定也會有另一種聲音出現，他會覺得「這麼簡單的知識我也知道，對我一點用都沒有」。

什麼樣的人會有這樣的想法？答案是「專家」或「三腳貓專家」。

以剛剛巧克力蛋糕的例子來說，我分享了分辨巧克力的訣竅，會嗤之以鼻覺得很簡單的人，要嘛是烘焙主廚，要嘛就是烘焙學徒（自以為很懂）。被這些人小看了，心裡感覺很差怎麼辦？

但你仔細想一想，這些人會是我的客群嗎？

答案是不會，這種人只吃自己做的，不會買別間店的產品，就算買了也只是邊吃邊批評，不會回購，也不會推薦給親朋好友，自然是對你一點幫助也沒有。

也就是說，他們根本不是你的目標客群，別理他們。

你在分享知識的時候一定會有很多酸民出現，不管你再厲害都一樣！像我在分享行銷技巧的時候，也遇過酸民來留言：「又一個沒做過生意亂講話的人，騙子。」

我看了也是一臉問號，貝克街都經營超過十年了，也上過十幾間新聞媒體，你查都不查就在留言裡開酸，這種智商我也很佩服。要是我在乎每一個酸民的垃圾留言，那不就什麼內容都不能分享了嗎？

所以，別理他們，甚至別看他們的留言，因為沒有任何幫助。

現在我的員工只要看到這種無腦留言，就會直接忽略刪除，因為是完全不實的批評和指控，沒必要讓我看（但如果留言是因為貝克街做的事情讓客人不滿意，他講出了實話，這種留言我們不會刪，員工也會回報給我看）。

所以不要怕，分享就對了，**讓客人有收穫最重要，別在意酸民的言論。**

客戶會關心什麼？

你可能會擔心，不知道該分享什麼事情才好。但只要像我剛剛提的，想一想你的客戶，在他們和你產品之間的關係上，有哪些地方是不懂的？哪些是他們可能不懂但會有興趣了解，而且了解之後會有幫助的？

你可以先把所有和產品相關的問題都列出來，再來一個一個檢視。例如巧克力蛋糕相關的問題：

①如何分辨巧克力的品質？
②巧克力的生產過程？
③巧克力的可可成分越高越好嗎？
④如何品嚐高級巧克力才不浪費？

我列了這四個問題，然後一個一個檢視給你看：

①如何分辨巧克力的品質？

對巧克力愛好者來說，這件事他們會有興趣了解。了解之後，絕對會有幫助——才不會買到爛巧克力，吃了影響心情。

②巧克力的生產過程

這個就不一定能吸引巧克力愛好者了，很多人只想吃好吃的巧克力，對生產過程並不是太感興趣。但如果是在生產過程中有什麼特別的事情、比較少人知道的趣事，那還是會帶給他們幫助，例如有些巧克力生產過程很容易混入昆蟲的屍體或糞便，所以會加一堆香料掩蓋，該怎麼去避免挑到這種巧克力……

第③、④個問題，巧克力的可可含量越高越好嗎？或是要怎麼品嚐高級巧克力才不會浪費？這兩個問題，對於巧克力愛好者都是有興趣了解的。你解釋之後，會對他們在品嚐巧克力時有更好的體驗，是有價值的，分享之後絕對會讓客人很受用。

只要利用這樣的流程，就可以很容易地知道該分享什麼內容給客人，讓他們更信任你！

SUMMARY

如何給客戶有意義的內容

- 從客戶與你產品之間的連結開始想。
- 給客戶想看的，再多一點他不知道的。
- 讓客戶感覺有幫助，就會對你多點信任。

心法⑦
從第一段開始就抓住眼球

文案只有零點幾秒的時間可以抓住客人的注意力。
應該如何鋪陳，才能吸引顧客看下去，
達成購買的目的？

我在某行銷社團，看到有人說：「想要把廣告文案寫好的話，開頭一定要有鋪陳，用故事來寫效果才會好！」然後他寫了一篇文案當作範例貼出來，結果下面的留言都是：

「故事開頭並沒有比較好。」

「鋪陳很沒有必要，開頭感覺很無聊，我會直接滑掉廣告。」

「你直接介紹產品來賣還比較吸引人，前面那一段可以刪掉。」

如果是行銷菜鳥在社團裡看到大家這樣的反應，大概就會放棄用故事來寫文案吧？我很喜歡用故事開頭來寫文案，賣東西的效果也很好。前面那位熱心分享的行銷人會慘遭滑鐵盧，單純只是因為他的鋪陳技巧太差而已。

他的開頭類似這樣：

「我和太太到遊樂園玩，結果那天突然刮起了大風，我手上的傘都被吹壞了。

然後又下起了大雨，我們卻因為傘已經被吹壞，附近又沒有賣傘，沒辦法繼續接下來的行程，我不禁嘆了一口氣，一把傘竟然影響這麼大……」

（然後開始賣傘的文案）

就是這種感覺，讓人一看就想滑掉的流水帳。

廣告文案的第一段非常重要，第一段要能吸引人看下去，才有機會在後面說服客人買單；但是「鋪陳」這兩個字，很多人的印象都不是太好，會把它和「無聊」聯想在一起。舉例來說，某些劇情片要撐過前面漫長的鋪陳，才能感受到後面精彩的爆點。雖然理智上知道最後要精彩，鋪陳是必要的，但很多人還是沒耐心，不想看鋪陳。

一種狀況是例外，那就是在鋪陳的時候就勾起大家的好奇心，讓人忍不住想往下看！也就是說鋪陳有兩種，一種是無聊乏味，最後出現精彩爆點；**另外一種是鋪陳的時候，就勾起大家看下去的渴望，在最後的結局得到滿足。**

以寫廣告文案來說，我們要用的當然是在鋪陳時，就能讓大家看下去的技巧，畢竟文案只有零點幾秒的時間可以抓住客人的注意力，沒辦法用太長的鋪陳。但電影不一樣，都花錢進電影院了、身邊還有朋友一起來等等因素，就算前面鋪陳無聊，觀眾還是會撐過鋪陳看到最後，不會隨便離開。

接下來，我會舉幾個例子，讓你看看如何鋪陳才能吸引人看下去。不過，我要先強調，使用技巧前最重要的是要清楚你的目標客戶喜好、他們心裡的想法，你的技巧才會有力量。

①好奇（神祕、懸疑）

有個學生是賣養生茶的，它的文案寫「我收到顧客的回饋，因為裡面提到療效，我把療效的部分修改掉，回饋內容如下……」這個開頭很難吸引客人看下去，因為平淡，沒有立即講到重點，也無法勾起好奇。

想修改得讓人願意看下去的話，首先要考量的就是目標客戶，什麼事情會引起喝養生茶的人的好奇心？

我確認了一下學生的產品，他的養生茶有個特色，就是喝起來像咖啡一樣，這就是個會吸引目標客戶的點。因為大部分的養生茶喝起來不像咖啡，有些甚至很難喝，很多客人是為了身體健康才逼著自己喝。今天如果他看到一款好喝的養身茶，一定會引起好奇心。

所以開頭第一句可以直接寫：「喝起來像咖啡一樣的養身茶。」接著再寫客人的回饋、為什麼會好喝等等，就可以讓目標客戶更想看下去，因為這和他們有關，他們希望喝到好喝的養身茶，而不是為了健康，逼著自己喝討厭的東西。

如果你平常沒在喝養身茶，這標題你就不會有感覺，但是沒有關係，因為文案不是對著你寫的，是對著養身茶客群而寫。

②縮短鋪陳

就算開頭引起了好奇心，鋪陳也不能太長。文案需要快速抓住眼球，因為客人只會給你不到一秒的機會。做法就是在短短的鋪陳之後，盡快加上反轉、精彩的劇情，例如我在心法③分享過的案例：

> 昨天我去銀行的時候，看到路邊有個機車車位，就順勢停了進去，結果有個人衝過來嗲聲嗲氣地大叫：「你這個人沒有長眼睛嗎？我在對面車道就已經在等位置了，你怎麼這樣……」

鋪陳就只有兩句「昨天我去銀行的時候，看到路邊有個機車車位就順勢停了進去」。這是很日常的敘述，需要盡量簡短不然很無聊，所以在後面馬上接了能引起好奇心的句子「結果有個人衝過來嗲聲嗲氣地大叫」。

為什麼有個人衝過來大叫？為什麼又是嗲聲嗲氣的？這樣可以快速地抓住注意力，最後寫下文案的重點。用這兩個方式，你的鋪陳會更能吸引人的注意。不過不要為了吸引人，寫出太誇張的東西，結果和你的產品一點關係都沒有，只能把故事硬轉到產品上，那效果就會很差。

這裡我給一篇範例，是我在賣甜點課時寫給會員的文案：

最近我有個感觸，那就是真的不要輕視甜點教學……

大概兩年前吧，有個人在網路賣甜點課，發了一篇文：「線上教甜點很容易，一堆人都來報我的課，賺錢沒什麼挑戰性。」

他算小有名氣，那時候確實滿多人報他的課。

過了幾天後，他又發了一篇文：「花了五天，終於把課程教完、拍好，準備上架囉！」

將近二十堂課，五天教完準備上架，我一度懷疑自己的眼睛是不是看錯？以貝克街來說，要拍完、教完二十堂課，最少也要五到六個月的時間，他怎麼有辦法五天就拍完？

後來看到課程，我明白原因了，因為他只是把做的過程拍下來，邊做邊講，等於只要在五天內把二十個品項做出來，就拍完了。

聽起來好像沒問題，但如果想要做出清楚、詳細的教學，用這種方法是不夠的！光是蛋白的打發，解釋原理、對比、說明、手法、拍攝角度、溫度控制技巧等等一堆需要教的地方，就不可能只是站在鏡頭前講講，就能拍得好的。例如打發或熬煮程度，要教你正確判斷狀態的話，我們常常要準備三、四個以上的版本，才能讓你看到對比。

還有蛋糕抹面，我們需要從不同角度，不斷地重拍、重抹，才能教得詳細清楚，至少要花掉好幾個小時，才能拍好詳細的抹面教學畫面（如果是一鏡到底的邊拍邊教，幾分鐘就做完了）。

甚至有時候，我們還要故意做出做壞的版本，來讓你看到失敗的狀態是怎樣。

在教學影片裡，也許只是幾秒的對比圖，但我們要花掉更多倍的時間，來拍出對你有幫助的畫面，而不是站在鏡頭前面，直接從頭做到尾拍完。

花了這麼多心血拍片，讓學生把甜點做成功，那才是我想要的。

回到開頭的那個人，他的課程推出之後被不少學生抱怨，重要的畫面幾乎都沒拍，像是煮炸彈麵糊的時候，鏡頭大部分時間都對著人，鍋子裡是怎麼變化的，完全沒講。

後來，他又推出新的甜點課，銷量比前一次少了一半以上，非常地淒慘，畢竟學生上過一次課，就不會再被騙第二次。

雖然我們的努力，在畫面裡常常只有幾秒的時間，但慶幸的是，學生都能感受到用心，每一次新課程都有大量的人報名，真的很謝謝你的支持。

文案的最後，放上甜點課的報名資訊。

如果你對學習甜點有興趣，那開頭的鋪陳就會吸引到你，因為這一句「最近我有個感觸，那就是真的不要輕視甜點教學……」你一定會好奇到底發生什麼事，讓我說出「不要輕視甜點教學」

這種話？給人有種準備看好戲的感覺。

接下來講到原因，有個甜點師很狂妄地講了那句話：「線上教甜點很容易，一堆人都來報我的課，賺錢沒什麼挑戰性。」又會更讓人好奇了，真的有這麼好賺？

接著導入我的重點、解釋，最後是結局反轉（他的新課程成績掉很多），成為一篇完整的文案。在文案發出來後，一天之內就有將近一千兩百人報名課程（課程價格是二九八〇，不過這次是賣新課程，所以反應特別好，每年我也只推兩到三次新課而已，並不是每天都賣這麼多，這需要好好澄清一下）。

就像這樣，好好利用鋪陳、引起好奇，威力會很強大！

SUMMARY

抓住眼球是行銷第一步

- 精簡鋪陳＋轉折，就能引發好奇心。

心法⑧

超白話行銷

不要挑戰人類的智商，
以為只要稍微想一下都能懂，
錯，他們連想都不會去想。

在貝克街創業的初期，運作還沒完全上軌道，新進員工做的蛋糕常出現耗損，像是烤得太乾、放錯材料等等，這些蛋糕最後都會被報銷。當時有一名員工覺得蛋糕就這樣丟掉太浪費，問我能不能讓他帶回家吃？我想應該沒差，就答應了。

沒想到幾個月後，網路出現一則評論：「我家人是貝克街的員工，上次吃了他帶回家的報銷蛋糕，口感很乾、不好吃，不懂這家蛋糕好吃在哪？」

這則評論讓我很震驚，震驚的原因不在收到負評，而是某些人的智商水平，真的是開了我的眼界。

畢竟，他都已經知道這是「報銷蛋糕」了，意思就是，這是個「有問題的產品」，不好吃不應是正常的嗎？但更讓我嘖嘖稱奇的是，在底下留言的網友，竟然沒有一個人指出這點。才知道原來**這世界上，有太多只憑著本能說話、不會動腦袋去想背後原因的人。**

從那之後我學到了一件事，就是「不要挑戰人類的智商」，只要是該報銷的產品一律丟掉報廢。而那些只是外觀有點瑕疵、本身還是好吃的非報銷產品，我也只會留給「值得信任的員工」帶回家吃。

為什麼我會說值得信任的員工？因為從上述的事件，你也應該發現了一個最原始的問題：「為什麼那位把報銷蛋糕帶回家的員工，沒有跟家人解釋清楚？」要是他家人說很難吃的時候，員工有再次強調「這本來就是做壞掉的蛋糕，真正店裡賣的吃起來不是這樣」，那情況可能就會不一樣。

事後我也確認過，那位員工把蛋糕給家人時只說是報銷，並沒有再幫公司多加解釋，以致家人沒有完全理解。但如果是「值得信任的員工」碰到類似情況，一定會跟家人講清楚。

這次的經驗給我很深的警惕，往後不管是面對客人還是員工，我**都會想辦法避免類似的情況發生，也就是「不會去挑戰人類的智商」。**

說清楚講明白

不挑戰人的智商，其中一個做法，就是用「超級白話文」來寫。

以前我經營過另一個事業「推理實境遊戲」，是讓玩家待在一間房子裡，根據裡頭的假屍體和各種線索，推理出犯人是誰的遊戲（如「密室逃脫」）。對這類實境遊戲有興趣的客群中，有的人只喜歡推理不喜歡解鎖，有的人卻相反只想解鎖不想推理，當然也有兩種都喜歡的人。而我，就屬那種喜歡推理不喜歡解鎖的人，所以我設計的遊戲幾乎都沒有密碼鎖，大部分都是在玩推理。

沒想到網路上開始出現這樣的評論：「這個推理遊戲沒什麼密碼鎖可以解，不推薦。」我傻眼了，心想這不過是一個凶殺案的推理遊戲，哪有鎖需要你來解？所以推出第二款遊戲的時候，我直接在宣傳文案上寫得超級白話：「這遊戲是推理，沒有密碼也沒有鎖，所以喜歡密室逃脫類型的玩家，不適合這款遊戲。」

從那以後，再也沒有那種讓我傻眼的評論出現，而這都是超級白話文的功勞。

為了公司形象，人在寫文案的時候，常常會想要寫得正式一點，可是我發現很多時候正式文案根本沒幾個人看得懂！只有用超級白話文，才能預防像實境遊戲的問題發生。

因為動腦是件辛苦的事情，如果寫得不夠白話好懂，就算是很簡單的事，人的腦子也懶得去想，只會直接靠本能去解讀。

像是我第一款「推理實境遊戲」，只要玩完遊戲後，花個一秒鐘想就會知道，這是款凶殺案推理遊戲，裡頭若是出現一堆密碼鎖，根本不合理！可惜很多人很懶，只是看到「推理實境遊戲」後面的四個字「實境遊戲」，就本能覺得一定要有解鎖過程。

只有直接講明，此遊戲沒有密碼鎖，**讓這些人不需要動腦也知道意思，才能避免他們有錯誤的期待、對服務內容失望。**

就像有一次，我在一間拉麵店，看到店家有個「超濃厚拉麵」的菜單品項，上頭的產品介紹就明確地寫著：「因為太濃了，濃到沒有湯可以喝，新客人不要嘗試，請點我們的一般拉麵試試。」

這樣寫很白話，再也不會有人點了之後，來抱怨說湯太濃了。看得出來，店家應該是有被客人抱怨過，所以才把文案改成這樣。

別小看白話文案，絕對比官腔文案更吸引人、讓文字行銷更有力，一定要試試看。

SUMMARY

為何講白話更有效？

- 因為很多人要直接講明才會理解。

心法⑨
用自己的語氣說話

套用模板的文案一看就沒誠意，
有自己個性的文案人家才願意相信。

關於行銷文字我上了不少課，也看過很多相關書籍，不過我大部分學習的對象，都是美國的文案大師。之所以如此，是因為台灣的文案課程多半有個問題，就是喜歡用「模板」，也就是老師會設計好幾段文字，讓學生把自己的產品、服務，套進去直接使用。

我很不喜歡這種方式，畢竟每個學生寫出來的東西，看起來都一模一樣，完全沒有自己的靈魂。而且也因為都一樣，最後的效果都很爛。

一個好的文案，是用自己的個性，寫出屬於自己風格的文字，然後再自然地帶到產品上，就像在對人講話一樣。如果你不知道自己的個性或文字風格為何，可以去看看你私底下和朋友 Line、Messenger 的對話，從中去找出你的文字個性，然後用這樣的文字調性來寫文案。

畢竟人都喜歡和有血有肉的人來往，而不是官腔的機器人，所以只要你開始用自己的語氣寫文案，大家就會願意看你的廣告、被你說服的機率也會大大上升。

以下就讓我用冷氣的行銷文案為例，首先，用官腔機器人（模板）寫出來的文案會是：

> 我們用了××馬達，讓這台冷氣可以每個月省下二〇％的電力，是您最好的選擇！

而用自己個性、語氣寫的文案則是：

我認為一台冷氣最重要的，除了夠冷之外就是省不省電。以前年輕的時候，我挑冷氣的標準只有一個，就是便宜！可是拿到電費帳單後，金額讓我嚇到了，甚至不敢再開冷氣。

但買了冷氣不敢開，有意義嗎？只是當時我以為所有的冷氣都這樣，直到後來從事冷氣這行，才發現有省電功能的冷氣，省下來的電費根本就是……（以下省略）

這兩者的差別是不是很明顯？當然這個範例，是以我自己的個性模擬出來的（我並沒有在賣冷氣，別誤會），你有你的個性，用你自己的語氣來寫，寫出來的文案也會跟我的不一樣。

但也因為不同，這樣才是有血有肉的文字啊！只要你這樣做，說服人的機率就會大幅提升，也會讓客戶更願意買單。

SUMMARY

找到自己的文字風格

- 就是自己平常自然會說的話。
- 去看平時和朋友的通訊對話會使用的文字。

心法⑩

用不熟悉感創造驚豔

當客戶被你的產品驚豔後，
不僅會視你為產業的專家，
更會主動幫你宣傳。

有次我和太太帶著兩個小孩，去一家窗簾門市買需要的物品。挑到一半，我突然覺得很奇怪，兩個小孩今天怎麼這麼安靜？再怎麼說，陪爸媽來挑窗簾，對兩個小男生來說應該是滿無聊的一件事。我很好奇他們在做什麼？結果發現他們站在電視前，看著不斷重複播放的窗簾廣告一動也不動。

就連店員也覺得不可思議，驚訝地問：「他們為什麼有辦法一直看這些廣告？」答案其實很簡單，因為家裡沒電視，所以只要在外面看到電視，不管內容是什麼，他們都會覺得好看。

人就是這樣，**只要遇到不熟悉的事物，就很容易被吸引，**不管大人、小孩都一樣。

讓客戶牢牢記住你

我曾經在研發甜點的時候，為了一個問題想破了頭：「到底怎麼做，才能讓客人在吃到時覺得驚豔？」後來我找到了答案，就是「不熟悉」。

如果我用的原料是客人熟悉的味道，那評價最多就是「非常好吃」，而不會「讓人驚豔」。但我想要的效果，是客人一吃到甜點，瞳孔就會瞬間放大，好吃到甚至可以飆出髒話的那種。而要達到這種效果，關鍵就是客人「不熟悉」的味道，**不熟悉卻又美味的食物，往往最容易吸引人，這也是人性**。

所以後來我在設計季節性產品時，都會刻意去找特殊食材，例如皮革木花蜜、瑪拉露密巧克力之類，會帶給客人驚喜味道的原料，因為一旦他們體驗到驚喜，評價就會超高。

同時我也發現，除了陌生感可以讓客戶對產品驚豔外，還有「升級版」也是，這時品質就要好到讓他們像是發現新大陸一樣。像普通人吃巧克力，只會預期吃到「巧克力味」，但我用的是升級版的莊園巧克力，吃在嘴裡會有層層變化的香氣，客戶一吃就會感到驚喜。

不管是「陌生」還是「升級」，其實都是一種「不熟悉」，而這樣的不熟悉可以套用在各行各業上。

就像以前我們看科幻片覺得很精彩，可是當導演利用更新的技術、創造更炫的特效後，

讓人驚豔的方法

①尋找新素材，以不熟悉感引人注意。

②將產品品質往上升級至令人耳目一新的程度。

觀眾就不只覺得精彩，而是感到驚豔了；以前的除濕機在使用時，人不能待在同一個空間，因為空氣會變得很乾燥，所以當一台可以控制濕度的除濕機出現時，人們才會感到如此驚訝；或，像是最早用「男友視角」的攝影師，拍下女友牽自己的畫面，再配合美麗的背景與修圖，馬上抓住所有人的目光，因為這個角度是大家陌生的。

但是人類也是很容易習慣的一種生物，這些讓人驚豔的服務、產品，一旦出現的時間長了、很多人模仿了，驚喜感就會大大降低。那些曾經酷炫的電影特效，已經很難讓觀眾激動，因為大家看得太多了；能控制濕度的除濕機，現在對客人來說不過是基本配備。

既然最終都會衰退，那為什麼還要努力創造驚喜？

因為只有你是第一個創造驚喜的人，大家才會牢牢記住你！一旦

記住了你的品牌，每次需要買相關產品的時候，他們就會找上你。當然也不能只有創意和不熟悉，你的產品還要同時打中客戶需求，好用、好吃或好看才會長久。

如果只有創意，大家體驗過一次、嚐鮮之後，就不會想再試第二次，就像很多餐點難吃的主題餐廳那樣。或者像是前面提到的「男友視角」，雖說有創意，但如果攝影師修圖修得不美、照片架構不漂亮，那也同樣不會吸引人。

這也是為什麼我們需要不斷進修、加強實力，讓產品服務更上一層樓，再與不熟悉感搭配效果才會最好。

讓客戶對你的服務或產品感到驚訝，就是你最強大的武器，不只會讓人對你印象深刻，甚至會幫你在網路上宣傳，你的口碑也會快速擴散，所以，讓人感到驚豔也是行銷的一種方式。

最後我推薦一本，主要內容在講怎麼做出好的產品、由媒體策略專家萊恩·霍利得著作的《滾動內容複利》（Perennial Seller），你讀了以後也會有幫助。

SUMMARY

創造驚豔的好處

- 讓人印象深刻、牢牢記住你的產品。
- 只要想到相關產品，就會想到你。
- 會幫你到處宣傳。

心法⑪

真誠的好評最威

大量的罐頭留言，一看就很假；
用心的評論不用多，
幾則就能取信於人。

大家都知道，好評是取得客戶信任，讓東西更好賣的方式之一。所以，只要是當老闆的人都會遇到一個問題：「如何讓客戶留下好評？」不過，對於這個題目，我要講的卻可能不是老闆們想要的答案。

店家想要客戶留下評論，通常會用以下三個方法：

①只要客人寫評論，店家就給優惠

這是讓你在短時間內，得到大量評論最快速的方法。但用這種方法幾乎只會得到「罐頭」評論，例如：服務很好、東西很棒等等這種，只有幾個字，一看就知道是為了拿優惠而寫。

要想靠這方法得到用心的評論，有實體店面的店家會比較有機會，因為店員和客戶能面對面接觸，**若客戶在互動過程中被感動、感**

受到店家服務的溫度，就會用心寫出好評論。

但以網路賣家來說，少了面對面的溫度，想達到同樣的效果就有難度，也因此才會有一堆為贈品隨便寫的評論。加上其他客戶也會在網路上，看到你的活動內容，知道這些好評都是為了優惠才留，說服力很低。（不像實體店面，可以私下邀請）。

在這講一個我個人的真實經驗：

有一次我要換新的工作桌，上網搜尋了多間家具店，看到了一間Google評論有幾千則、分數近五顆星的店家。通常看到這種分數，我直覺都是：假的吧？自己找人留的吧？但點開評論，卻意外發現每一則留言都寫得很用心。這不合理，畢竟假留言不會這麼用心寫。

在好奇心的驅使下，我決定實際去看看。到了現場，聽完店員的說明後，正好有看到一張我喜歡的桌子，當下就決定買了。果然，下訂之後店員就問我：「你要不要幫我們在 Google 留評論？會有贈品喔！」我想原來這就是幾千則評論的由來。

但這還是不能解釋，為什麼客戶的評論都很用心，不像那種只是為了拿獎品隨便寫的留言。所以我又觀察這家店的整個流程，想知道他們到底是怎麼做到的？最後，我找到了原因：「溫度」。

這家家具店的店員真的非常用心，除了解釋不同桌子的特性外，還會針對客人使用習慣建議桌子尺寸，並且詳細告知未來如何保養、清潔等等，如此既專業又有互動溫度的店家，難怪客戶願意以用心的評論作為回饋。

②讓客人自動自發寫評論

既然是客人主動想寫，一定會寫得比較用心。但想得到客戶的自動評論並不容易，更不是短時間就能做到，這也是為什麼我會說，很多老闆不會喜歡這個答案的原因。

畢竟這種做法除了產品本身要夠好外，還要做很多的「價值行銷」，才能提高客戶的評論意願。例如，你需要三不五時發布有價值的文章，不論是放在粉絲專頁或用 Email 寄發都可以，重點是要讓客人知道：你的產品好在哪裡？怎麼分辨品質好壞？為了研發你做了哪些努力？又為客戶帶來哪些價值等等。

當你長期提供這些有價值的行銷內容，客戶自然也會被影響、感受到你的用心，更會願意「主動」替你留下好評。也別忘了，在你寫這些有價值的內容時，要像在對人講話一樣的語氣，客人才看得下去、容易產生感情。如果寫得像死板板的教科書，看都看不下去，那就沒意義了。

這種價值行銷也是我最喜歡用的，因為那些客人主動去寫的評論，**威力最強。一個用心的好評論，勝過一百個灌水評論。**

③直接邀請客人寫評論，但沒有優惠

用第三種方法得到的評論不會有第一種多（畢竟沒有獎品），也比較適合老客戶已有一定數量的店家。因為如果你會用心替客戶創造價值，老客戶也非常喜歡你的產品，只要適度邀請，他們通常會很樂意幫忙（之前他們不是不願意寫，只是沒有習慣或是忘記要寫罷了）。

而且這樣的評論，自然會寫得比第一種用心，因為客戶是真心誠意喜歡你的產品才寫，並不是為了優惠或贈品。

另外也要提醒你，不管你是用什麼方法得到評論，如果想要公開分享給別人看，特別是會露臉、具名的留言，都記得要先得到客人同意，否則貿然公開會有法律上的問題。

最後，如果是評論截圖放在官網上也不要太多，放太多好評，很容易讓人覺得是假的。你只需要挑幾篇真心誠意、讓人相信的評論就夠了。

SUMMARY

如何讓客人有感而發？

- ✔ 產品好是基本。
- ✔ 服務要有溫度。
- ✔ 長期發給客人有價值的文字行銷。
- ✔ 適度邀請喜歡你產品的客人留言。

心法⑫ 從非目標客戶發現警訊

客戶給的爛評價一定是壞事嗎？

有時候，

反而能從中發現盲點。

現在常常會看到店家和客人發生衝突的報導，最常見的就是客人在 Google 評論留下「東西很爛」、「CP 值很低」等等抱怨的話，而店家的態度也很強硬地回應：「我的東西不適合你，慢走不送。」

不說別人，每次遇到類似的問題，我都會先去釐清問題的癥結點，如果客人抱怨的確實是我的疏失，那我會好好處理，但如果他抱怨之處在「喜好」和我的產品不符時，那情況就會不同。

例如我的巧克力口味偏苦，目標客戶也是設定喜歡黑巧克力的人，所以當網路上有「一點都不甜，不推！」之類的評論，或是其他酸言酸語，我都會直接告訴他們：「我的產品是針對老客戶設計，很遺憾不適合你。」

因為這些人並不是我的目標客戶，我也不可能去討好所有人，所以那些酸言酸語、批評等自然就不用理會。雖然這樣講，卻也不能完全把「反正不是我的目標客戶，不用管」當成是自己生意不好的擋箭牌。

產品本身與定位

尤其是當產品有以下兩個問題出現時，反而應該將它們視為一種警訊。

① 產品本身有問題

如果你的產品很爛，大部分的用戶都不滿意，但你聽到抱怨時只會反駁是對方不懂，說他反正不是我的目標客戶等等，這樣對嗎？當然不對啊！這就像一個衛生習慣差、脾氣暴躁、缺點一堆的男生，跟你說：「我沒交到女朋友，是因為女生不懂我的好。」一樣，你大概也會翻白眼吧？

②產品定位太窄

還有一種情況是，老闆把產品定位設得太窄，所以喜歡的人太少，因為大部分的人都不習慣。例如，假設我把巧克力蛋糕定位在苦味，會有多少人能接受？很少、非常少，因為純黑的巧克力（一〇〇％）超級苦，苦到拿來提神還差不多，這時如果有人反應用純黑巧克力的產品太苦，我還去嗆人家說：「你又不是我的目標客戶，慢走不送。」那我的公司早就倒了。

要知道，如果你把**目標客群設定得太小的話，就算用再厲害的文**

盲測流程

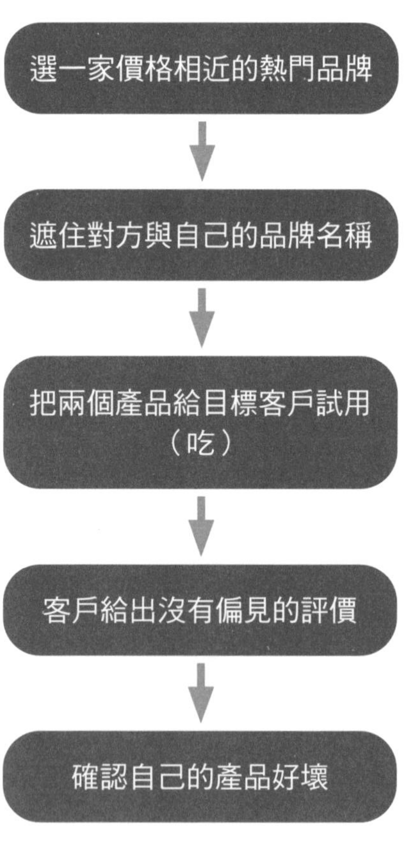
選一家價格相近的熱門品牌
遮住對方與自己的品牌名稱
把兩個產品給目標客戶試用（吃）
客戶給出沒有偏見的評價
確認自己的產品好壞

字行銷也會做得很辛苦。

所以，想要瀟灑地講出「不是目標客戶不用管」這句話，其實有前提，就是「產品要符合價值，定位又不會太窄」。

其中，確定產品優劣最好的解決方法就是盲測，找家和你產品價位差不多又受歡迎的品牌，進行對比，用來做為品質好壞的判斷標準。

想要知道自己設定的定位是不是太小，直接上 Google 搜尋就知道了，有多少人討論同類型的產品？在網路上一目了然。如果網路查到的資訊非常少，甚至幾乎沒有人詢問，那你就要小心了。

或者你也可以問問店家，同類型的產品賣得好嗎？就像前面舉例的純黑巧克力，很多甜點店根本不賣這種產品，頂多賣到八五％的巧克力，因為純黑巧克力的客群實在太少。

投入已有客群的產業

網路上產品資訊少，也有另一種可能，就是沒人做過、市場還沒被開發。所以也有很多老闆會抱著這種心態：「我是第一個賣這東西的人，我一定會賺大錢！」

大家應該都有聽過一個著名的賣鞋故事：有兩名賣鞋子的業務員到某國開發市場，看到那個國家的人都沒穿鞋後，業務A沮喪地說：「這裡的人都沒穿鞋，沒機會了。」；業務B卻很興奮地說：「這裡都沒人穿鞋，市場都是我們的！」

然後故事大力吹捧業務B的熱情，保持正向、發現機會。但事情總是一體兩面，在血淋淋的創業戰場裡，並不是有熱情，世界就會一片美好，尤其那些死很慘的創業家，很多也都是很有熱情的人。畢竟**現實也有可能是：那個國家的人就是不喜歡穿鞋！**

面對抱怨的處理方式

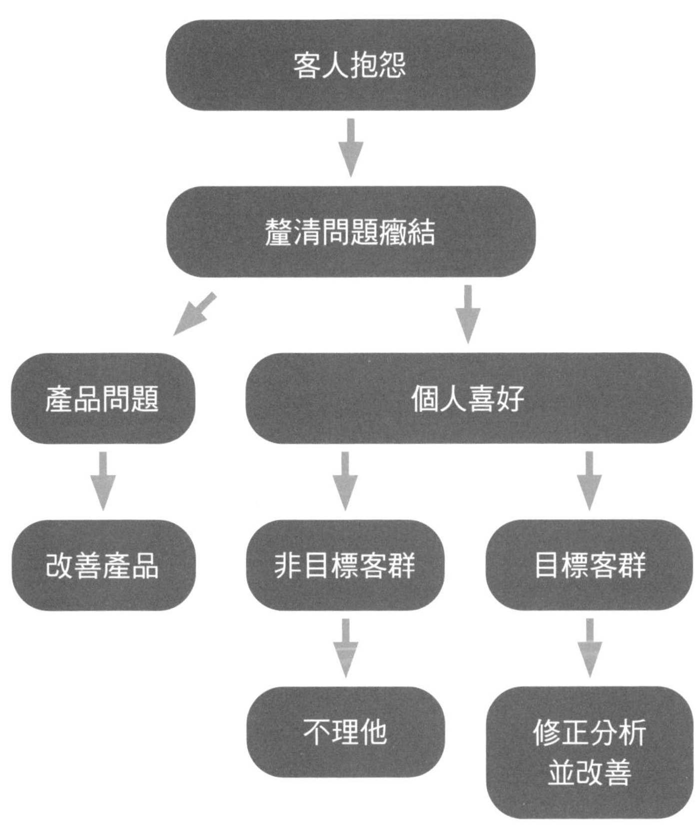

我再舉另一個例子，或許你會更有感覺。假設今天有兩個在美國熱銷的超甜餅乾業務來到台灣，看到台灣人吃的甜點甜度都不高，其中一個沮喪地說：「這裡沒人吃超甜的餅乾，沒機會了。」另一個則很興奮地說：「都沒人吃超甜的餅乾，市場完全是我們的！」

看到這裡，你的想法是什麼？當然，在事情還沒實際執行之前，你無法確定哪個答案正確，是市場還沒有被開發？還是市場根本就太小？

我的建議是，可以賣的產品很多，直接找已確定有龐大客群的產品做就好，沒必要去冒險。況且投入一個未開發的市場，並不代表會賺更多的錢，這不過是一種迷思，要知道把風險控制在最低，也是創業成功的關鍵之一。

SUMMARY

當一個產品前無古人時

- 第一個賣的人，不一定會賺錢。
- 雖然有可能是尚未開發的市場，卻也有可能是根本沒市場。
- 可以賣的東西還很多，創業要成功，風險就要降到最低。

—專欄—

有了 ChatGPT，還要學文案嗎？

我在賣文字行銷課的時候，有人寫信來問：「現在都有 ChatGPT 了，我直接叫 AI 寫文案就可以了，還需要學怎麼寫文案嗎？」

我回答：「如果你有辦法讓 ChatGPT 寫出吸引人的文案，那確實不用來學了。」

看到這，是不是有很多痛恨寫文章的人要歡呼了？從此不用想破腦袋寫文字，通通交給機器人就好，太完美了！

But，就是這個 But，以現在的技術來說，要讓機器人寫出「吸引人」的文案是有難度的。如果只是要它寫出詳細的介紹，那沒有任何問題，它可以做得非常好；但是要讓它有起承轉合，牢牢抓住人的眼球、勾起客戶內心的渴望，只給簡單的指令是辦不到的。

例如只跟它說：「幫我寫一篇賣巧克力蛋糕的廣告文案。」然後等著它生出一篇幫你賣到爆的文案，很難。

但是這代表機器人就沒用了嗎？並不是，它還是有辦法寫出吸引人的文案，幫你賺到很多錢，但是前提是**你自己要懂怎麼寫出好文案，才能給它正確的指令，還有糾正它的錯誤！**

例如要寫出好文案之前，最大的工程就是深入了解目標客戶，才知道講什麼話會吸引他們，讓他們產生共鳴，更容易把東西賣出去。這需要花費大量的時間、技巧、耐心才能辦到。深入了解客戶之後，才能跟 ChatGPT 說你文案的對象是什麼人。

可不是只簡單地跟機器人說，客群是二〇到二五歲的女生，喜歡逛街……這樣是不夠的。

我們需要知道目標客戶真正在意的是什麼。以貝克街的客人來說，他們在意的不是便宜大碗的 CP 值，而是產品的品質能不能讓他們滿意，價格比別人貴一點也沒關係，東西好最重要！

所以在描述目標客戶的時候，就需要把這一點和機器人說清楚。而這只是針對目標客戶的其中一個描述而已，其他還有非常多的細節。

再來，你需要知道怎樣的文案才能讓人讀得順暢，例如文字運用需要盡量口語化、不能用太艱難的字眼等等。

學會所有好文案的技巧以後，才能輸進 ChatGPT 裡，讓它照著你設定的條件生成文字。不然它一定是搜尋網路文案，整理資料後幫你寫，那絕對會很糟糕。

因為大部分的網路文案都寫得很爛，甚至連教文案的老師給的也是錯誤觀念，那 ChatGPT 抓了網路資料，產生出來的文字水準當然不會好到哪裡去。

但是就算給了條件，它也沒辦法每一句話都做到完美，例如你跟機器人說要用口語化的文字、不要用太難的單字，它一定還是會不小心用到艱難的字眼，需要靠你來修改。

還有文案吸引人的最大關鍵之一，就是文字的態度、語氣，有屬於自己的靈魂。有的人熱情奔放，有的人幽默嘴賤，有的人理性冷靜，不管是怎樣的個性，都有支持的客群。

你想一下在網路上看到的一般文案，是不是都寫得很像、很制式？

一眼看過去，就會覺得是廣告文，不會讓你想繼續看下去，就是因為寫文的人沒有自己的個性。

ChatGPT 當然可以做到用不同的口氣、風格講話，可是一樣需要由你給它詳細的指令。在給了詳細的指令之後，它的文案也不可能百分之百做到你的要求，一樣要由你來修改細部文字，才能真的有個性。

講了這麼多，就以這篇文章的標題「有了 ChatGPT，還要學文案嗎？」讓 ChatGPT 寫一篇給你看看，我擷取其中一段：

在有了 ChatGPT 幫忙寫文案之後，人類仍然需要學習寫作技巧的主要原因如下：

①複雜情境的理解：

儘管 ChatGPT 能夠生成具有相當水準的文案，但它仍然無法像人類一樣理解複雜的情境和微妙的情感。人類寫作者可以根據特定目標受眾的需求、文化背景和喜好來撰寫適當的文案。

②語境適應能力：

作為人類，我們能夠根據不同情況靈活運用語言。在某些特定場景下，ChatGPT 可能無法生成完全符合語境的內容。通過學習寫作技巧，我們可以適應各種情況，創建更貼合目標受眾的文案。

③審核與修改：

雖然ChatGPT生成的文案可能在某些方面具有高水平，但它仍然需要人類審核和修改。通過學習寫作技巧，您將能夠更好地判斷哪些內容需要改進，以確保文案的質量。

是不是寫得很不錯、很詳細？要當說明書完全沒有問題，可是和我寫的比起來，是不是不一樣？哪個容易讓人聽進去？

我可以多調整幾次指令，讓它做到接近我文案的水準，但前提是我需要懂怎麼寫出厲害的文案，才能讓它寫出好文案。

就像一個不會拼音、寫字的人，跟別人說：「用電腦打字很快，有電腦就好了。」

用電腦打字很快沒錯，可是不懂拼音的話，打不出來啊！就算用語音輸入，它也會有錯誤需要你修正。

不會開車的人，車子再厲害也沒用。不會煮飯的人，設備再高級也沒用。所以文案這件事，還是要好好花時間去學它，它並不如一般人想像的難，不需要華麗的詞彙，就能吸引人（我寫的Email內容，你應該也注意到用字都很口語，平易近人吧）。

真的想要用機器人幫你寫文，你自己還是得知道怎麼寫出好文，才有辦法辦到，所以不要因為有了AI，就讓自己鬆懈了。

CHAPTER 3

實例分析

破解文案失敗的7個卡點

就像吃東西怕踩雷，
寫文案也怕遇到盲點，
從哪開始？寫什麼？用什麼筆調？
讓我們靜下心一一分析，找出破解之道。

卡點①
電子報、社團、社群發文要區隔嗎？

Email 是個獨特的存在，
它像朋友一般有閱讀溫度，
讓老客戶覺得珍貴。

有一天，我太太的一個好朋友跟她說：

「那個……妳先生有寫信給我耶！」

「他寫信給你？什麼時候？」我太太滿臉問號。

「就是那個 Email 呀！我有收到。」她有點不好意思地回答。

原來她說的 Email 是我寄給所有會員的電子報，不然我就完蛋了。

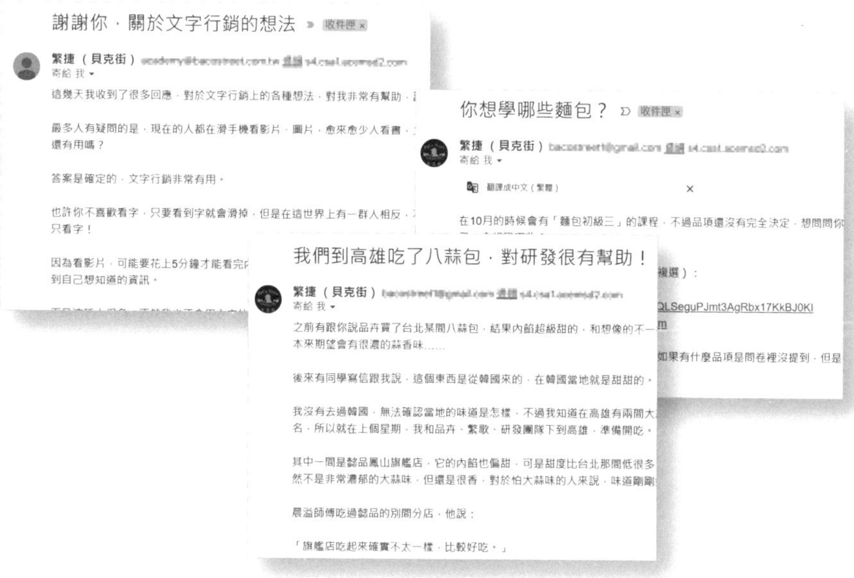

謝謝你，關於文字行銷的想法 收件匣 ×

繁捷（貝克街）
寄給 我

這幾天我收到了很多回應，對於文字行銷上的各種想法，對我非常有幫助，

最多人有疑問的是，現在的人都在滑手機看影片、圖片，愈來愈少人看書，
還有用嗎？

答案是確定的，文字行銷非常有用。

也許你不喜歡看字，只要看到字就會滑掉，但是在這世界上有一群人相反，
只看字！

因為看影片，可能要花上5分鐘才能看完
到自己想知道的資訊。

你想學哪些麵包？ 收件匣 ×

繁捷（貝克街）
寄給 我

翻譯成中文（繁體）

在10月的時候會有「麵包初級三」的課程，不過品項還沒有完全決定，想問問你

複選）：

QLSeguPJmt3AgRbx17KkBJ0Kl

如果有什麼品項是問卷裡沒提到，但是

我們到高雄吃了八蒜包，對研發很有幫助！

繁捷（貝克街）
寄給 我

之前有跟你說品卉買了台北某間八蒜包，結果內餡超級甜的，和想像的不一
本來期望會有很濃的蒜香味……

後來有同學寫信跟我說，這個東西是從韓國來的，在韓國當地就是甜甜的。

我沒有去過韓國，無法確認當地的味道是怎樣，不過我知道在高雄有兩間大
名，所以就在上個星期，我和品卉、繁歌、研發團隊下到高雄，準備開吃。

其中一間是鬆品鳳山旗艦店，它的內餡也偏甜，可是甜度比台北那間低很多
然不是非常濃郁的大蒜味，但還是很香，對於怕大蒜味的人來說，味道剛剛

晨溢師傅吃過鬆品的別間分店，他說：

「旗艦店吃起來確實不太一樣，比較好吃。」

很多會員反映，我的電子報主題很像在對人說話一樣，讓人很有親切感。

但，看到以上的對話，你有發現重點在哪嗎？

收到信的人，就算理智上知道這封電子報不只寄給她一人，但感性上來說，信的口吻像朋友在跟她說話，所以感覺還是會不一樣。也就是說 Email 信箱，是一個特別的存在，如果你寫得真誠，對老客戶來說也會很珍貴！

就有人曾來信告訴我說，他覺得我寄給他們的那些信太寶貴，所以每一封都會珍藏起來，等有空的時候再重讀一遍。會有這樣的結果，就是因為我電子報的內容和社團、官網發文幾乎都不一樣（除非特殊狀況），如果我都用同一篇文案發在每個平台的話，那電子報的「專屬對話感」就會不見了。

至於社團的發文和粉專，因為性質不同，理想上來說也要做區隔，可是以現實層面來看，分不分其實也無所謂，因為現在粉專和社團的觸及率都偏低，所以同一個素材兩邊都發，或許能讓更多人看到。

尤其現在行銷平台很多，Tiktok、Youtube、小紅書、IG、社團、Facebook 粉專等等，大部分的做法也是將同一支影片上架到所有平台上，讓它們各自去觸及不同的平台用戶。所以要是每個平台都用不同影片，那還真的沒幾個人能辦到。

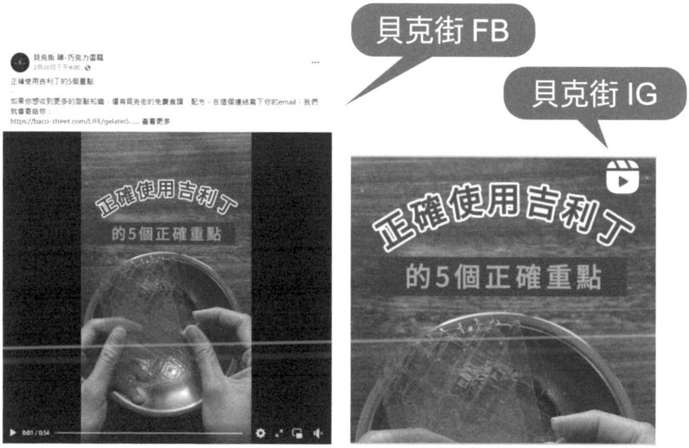

針對各平台提供不同的發文，就人力成本來說不太可能。我選擇讓重點平台保有獨特的內容，更凸顯價值，其餘的就使用同樣素材。

為了能在人力成本和行銷效率上取得一個平衡，我的做法是，盡量讓電子報保持獨特存在，除了銷售類的公開信外，其餘內容都是電子報獨有，而其他平台則統一用一樣的內容。再怎麼說，行銷總是要用錢來衡量成效，廣告費要錢，員工製作影片的時間也要錢，都需要好好精打細算才是。

TIPS

創造專屬對話感

① 想想你最重要的行銷平台是什麼？

② 哪些主題設定會讓人有親切感？

③ 如何讓客戶有「獨有」的感受？

卡點②

客戶還沒看就把電子報刪了

只要夠了解目標客戶，
展現誠意不求聳動吸睛，
下標不過是件輕鬆的事。

就像上一篇說的，電子報有文字溫度，是行銷工具中一個獨特的存在，但在茫茫大海的 Email 信箱中，要如何才能避免電子報直接被會員刪掉、達到它應有的效果？

「下標」是絕對的關鍵，這裡有幾個要注意的地方：

●收件者要認識你

有的人會花錢買一堆 Email 名單，然後寄電子報過去，不管你寫得有多好，這樣的信被刪掉的機率很高。因為對方不認識你，看到信心裡直覺多是詐騙或垃圾郵件，當然會被刪。

再者你買來的名單，裡面都是些什麼人你也不清楚，可能九成以上都不是你的目標客戶，你的信件自然沒辦法吸引他們。

假設你賣指甲油，但名單裡卻都是中年大叔，你想他們會開信來看嗎？

所以你的電子報只能寄給老客戶或是會員，因為他們認識你，開信的機率才會高。

●標題吸引目標客戶

記得，標題是要吸引「目標客戶」，而不是吸引所有人。有的電子報會想吸引所有人開信，所以把主旨下得跟新聞報導一樣，能多聳動就多聳動，例如：「我的店要倒了……」、「我殺了一個人！」然後打開信，發現你的店還好好的、人也沒死，這一切只是想吸引人開信的欺騙手段。

這種手法做過一次、兩次之後，就不會有人想再點開你的信，所以絕對不要為了吸引所有人去下聳動標，那只會讓你的會員很不爽。

● 善用「如何」、「為什麼」等字眼

例如你是籃球教練，標題可以是：「如何提高投籃的命中率？」、「如何有效地練習運球？」或者「為什麼三分線投不到？」、「為什麼一打一很準，三打三就掉漆？」

其實不用花太多心力，就可以寫出對方願意打開信件的標題，因為一來他認識你，二來他對你講的知識有興趣。當然還有一個重點是，你對目標客戶有很深的了解，才可以很快地用「如何」、「為什麼」來寫出解決對方痛點的方式。

吸引目標客戶的標題要素

- ✔ 把自己變成目標客戶
- ✔ 提供客戶痛點的解決方式
- ✔ 講出客戶心裡話
- ✔ 把自己當成收件者來下標

我很常打球，也看了不少教學影片，對於愛好籃球的目標客戶了解不少，所以舉這幾個標題例子不過花幾秒鐘而已，但又很有效。

不要只是看到什麼東西好像很好賣，就一窩蜂地去賣，如果你不懂產品、不了解目標客戶的想法，根本不可能寫出吸引他們的標題。

讓對方覺得你在對他說話

寫電子報要讓對方覺得你在對著他講話，就像是朋友之間的對話一樣，不要官腔、一堆專業術語，而是真誠簡單。所以下標題的方式，要和網路文章不同，因為網路文章就和新聞報導一樣，下標都在想盡辦法引起情緒、創造懸疑感等等。

同樣的需求，我會這樣說

NG		GOOD
超厲害的 披薩課程開賣	▶	超厲害的披薩店 （你也能學到做法）
改良版的大蒜麵包 已經上架	▶	我們到高雄吃了八蒜包， 對研發很有幫助！
投票結果出爐！	▶	問卷的結果， 出乎我的意料

雖然那些技巧在網路上能引起很大的迴響，但這類標題如果放在電子報的話，會覺得是朋友在真誠簡單地跟你講話嗎？你可以試試，現在就去點開網路上的新聞來看，然後挑個你有興趣的標題，想像一下如果在Email信箱收到這封信的感覺是什麼？

你會發現不管內容寫得如何、標題再怎麼吸引人，也很難覺得真誠，不像朋友在和你講話吧？或者，再拿剛剛舉的籃球例子來看，原本的標題是：「如何提高投籃的命中率？」現在把標題改成類新聞標，就會變成：「只花十天，投籃命中率高一倍！」聽起來是不是很刺激、很吸引人？但是不是同時也給人唬爛的感覺？和原本如朋友般簡單真誠、不花俏的標題加實用內容，感覺很不同。

畢竟有些人本來就投籃滿準的，提高一倍不就是百分百命中嗎？

而且誰又能保證過了十天，真的就提高一倍？可惜這種簡單粗暴的標題，常常讓人忍不住被吸引。

但要是你的電子報也是這樣下標，除了不像在和朋友講話外，反而會讓人覺得你不誠懇。那有沒有什麼做法可以「魚與熊掌兼得」，標題既真誠同時也很吸引人？

讓我們先來分析一下，為什麼「只花十天，投籃命中率提高一倍！」這種標題會吸引人？因為它加入了數字。「十天」「一倍」，**任何標題只要加入數字，通常都很能吸引人**，所以網路上也常看到：「讓你睡更好的三個訣竅」、「想長高不能做的五件事！」等標題。

真誠是重點

當然，我們也可以將加入數字，這個吸引人的技巧，運用到前面建議的、以「如何」做開頭的標題：「如何在十天之內，提高投籃命中率？」這樣是不是會比原標題更讓人感到誠懇？而且也比原先的「如何提高投籃命中率」再多點吸引力？

但你應該也注意到了，這裡我不是用「如何在十天之內，提高一倍的投籃命中率？」做為標題，因為像前面說的，「提高一倍」雖然簡單粗暴、很吸引人，可卻有唬爛的成分存在，所以雖然它更吸睛，但為了顧及真誠，我還是把它拿掉了。

唯有客人感覺到誠懇實在，他們才會更信任你，這也是做生意的基本。

下標的思路練習

（原題）
如何提高投籃的命中率？

（改用新聞標）

只花十天，投籃命中率高一倍！

（以「如何」開頭、保留數字）

如何在十天之內，
提高一倍的投籃命中率？

（拿掉唬爛成分、加入真誠）

如何在十天之內，
提高投籃命中率？

明確掌握客戶心理

接下來你可能會問：「如果我的產品或是電子報內容，不適合用『如何』、『為什麼』來開頭怎麼辦？」

這裡關鍵還是一樣，你對客人有多了解，你是不是真的有把自己變成目標客戶？例如我寄信給會員，告訴他們有一款威士忌冰淇淋新品蛋糕即將開賣，標題是「十二年威士忌冰淇淋蛋糕，開放訂購！」好像很簡單、連小孩都可以寫得出來，可是它開信率很高，銷售成

電子報不能用新聞標的三個理由

① 聳動標題只有前一、兩次可以騙到人。

② 目標客戶會覺得受騙生氣。

③ 跟朋友不會這樣講話，讓客戶覺得不真誠。

績也好到爆。

為什麼？就因為我很了解我的目標客戶，而且我自己也是目標客戶，所以我一〇〇％確定，他們對威士忌加冰淇淋的組合非常有興趣，才會這樣下標。也就是說，當你對客人夠了解時，下標不過是輕輕鬆鬆的一件事。

但如果我今天賣另外一款蛋糕，標題是「奶油磅蛋糕，開放訂購！」開信率一定會低很多，甚至能賣出幾條我也很懷疑，因為我的目標客戶對這類產品並不感興趣。

你可能又會問：「那目標客戶興趣比較低的產品，該怎麼下標？」我會說：「既然知道目標客戶的興趣低，就別賣這個產品啊！」

要知道行銷不是萬能，若貿然投入小眾市場、做小眾產品，有時連行銷都很難救，頂多是靠創意幫你爆賣一次而已，要長久賺錢是非常困難的。

TIPS

讓客戶對你的電子報有興趣

①收件者要認識你、對你有興趣。
②標題善用「如何」「為什麼」。
③適度使用數字吸睛，但務必保持誠懇。
④對客戶越了解，下標就越簡單。

卡點③

沒有行銷靈感、文案又乾

光想哏沒有用，

深入客戶需求，

將品牌植入人心才是王道。

「有創意才能吸引流量，有流量才會有訂單。」

一般人都覺得這觀念沒毛病，但，這是錯的！

如果空有創意，那吸引來的只是垃圾流量，對你產品銷售一點幫助也沒有，不光品牌名稱客人記不住，就連產品是什麼也不知道。

就像現在很多網紅業配，只是光用創意來讓大家覺得影片好好看，可實際內容卻和產品無關，以致銷量極慘無比，廠商有苦難言。

當然這裡不是反對創意，只是你的**創意要能讓大家對於品牌、產品有印象，就算不是馬上購買，也要對長期的銷售有幫助**。例如大部分的可口可樂廣告，都不是說可樂本身有多好喝、要你趕快去買，但看完影片後，觀眾會因編排、剪輯、畫面和劇本等各種因素，對可口可樂那紅白 LOGO 印象深刻。

一旦人對某個品牌有印象，潛意識就會對它產生好感，將來在面對消費選擇時，就越容易去選擇該品牌，這也是大公司普遍會採用的廣告策略。可惜很多人只看到可口可樂的廣告創意，卻沒意識到他們是把品牌透過創意默默植入人心，最後拍出一堆只有創意卻沒有其他作用的影片。

寫行銷文案也是一樣。如果一天到晚只想著要有哏、希望用創意吸引人的眼球、帶來有大量的分享和流量，卻沒注意到這種做法只會讓人記得創意，忘了產品本身，除非你能把兩者結合得很好，但這難度非常非常高。

一個能源源不絕寫出創意哏的文案高手，要嘛是天才，要嘛就得花好幾年的時間練習才有可能做到。但說真的，如果你只是想把東西賣出去，根本不需要變成這種人。何況**真正的行銷大師也不會去想一**

堆文案哏，來博人眼球。

那他們是怎麼做的？其實，比你想得簡單多了。

找出解決問題點的產品優勢

和抓到痛點一樣，就是深入「了解客人」，把他們的痛點寫出來，就可以吸引到目標客戶的注意。例如家庭主婦（夫）在洗衣服的時候，常會遇到的痛點是，晾衣服很麻煩，而且洗完就要馬上把衣服拿出洗衣機，不然會臭掉。所以如果你是個賣有洗脫烘功能的洗衣機廠商，直接把這兩個痛點拿出來寫就對了。

你不需要煩惱去想一堆哏，那是吃力不討好的事。

尤其當你就是目標客戶的時候，就會有非常多的題材能寫，因為你知道客人煩惱什麼、想要什麼。你可以像前面提到的，去加入目標客戶參與的社團，裡面的討論完完全全就是你靈感的來源，一定要好好利用。

只要把自己變成目標客戶，針對困擾、問題、快樂等重點來列舉，你就會有很多的行銷題材，再也不怕沒靈感。

找出問題和困擾等內容題材後，要如何把它帶入行銷文案中，讓大家知道你的產品可以解決這類困擾？例如，洗脫烘洗衣機如何解決客人「為什麼洗完衣服會臭」的問題？

這時你就要去想，造成衣服洗完會臭掉的原因：洗衣精品牌選錯、洗完沒馬上拿出來、洗衣槽太髒等多種可能因素。把選項一個個列出來，其中一定有幾項是你的產品可以解決的，像洗衣槽太髒的問題，就可以被洗衣機具有的自動清潔功能解決，並以此帶入你的產品。

行銷內容靈感來源練習

以洗脫烘洗衣機為例，列出討厭、麻煩、困擾與快樂之處後，你就會有很多的題材，寫成一篇篇行銷文章。

● 關於洗衣服，客人最常遇到的困擾有哪些？

➔洗完要晾衣服很麻煩。
➔洗完不馬上晾會臭。

● 客人常問的問題是什麼？

➔衣服怎麼洗，才能把污漬洗掉？
➔為什麼洗完衣服不馬上晾會臭掉？
➔怎麼用漂白水，才能把衣服漂得潔白如新？

● 有了洗脫烘洗衣機之後，客人會得到什麼快樂？

➔省掉很多時間，能做更多有興趣的事。
➔減少家人間的紛爭，不用每天計較換誰晒衣服。

還有平常在瀏覽各種網路貼文時，就要隨時聯想，這篇貼文和你的產品能產生什麼關聯，來幫助你寫出行銷文案。只要寫出關聯，你的文案就一點也不會乾。

例如當你看到「靠北女/男友」的粉絲專頁上，有人抱怨家事分配不均，貼文寫得辛辣犀利，底下留言爭論激烈。這時你就可以將自家的洗脫烘洗衣機，與減少家事分配不均做聯想，是不是就剛好能把這篇抱怨文當成開頭故事，變成一篇行銷文案？

光用想像，就會覺得這是篇有趣的文案，當然事先你要修改網上的內容，不能照抄就是了。所以沒靈感時，從客人身上挖素材吧！

TIPS

尋找行銷靈感

① 目標客戶最常遇到的問題與困擾？

② 客人最常問你什麼問題？

③ 有了你的產品後，客人能得到什麼快樂？

卡點④
不知道怎麼和分眾說話

從客戶最在乎的點來分類與下筆，
就能個別打中客戶的心。

分眾是把客人再細分為不同的類別，例如以我的甜點課程來說，大致可以分為：在意教學是否詳細、只在意成品好不好吃，或者可用初學者、進階者等類型來區分。把客人細分有個好處，你可以對不同類型的目標客戶，再分別寫出吸引他們的文案。

但這裡有一個重點，**那就是分類的時候，不要以年齡、性別來分，而是要以客戶最在意的事情來分**，這樣也會更容易去想要寫的內容。要是用年齡分眾，例如對年輕人該怎麼寫？對老年人怎麼寫？又或者用性別，對男生要寫什麼？光想這些就一堆問題，無法下手。

用客戶最在意的事情來分的話，就簡單多了。以甜點教學來說，在意教學詳細與否的客人，我就用教學本身來說服；對在意成品美味的，我就會特別去描述蛋糕的外觀與味道。

像我在賣「零基礎麵包初級二」課程時，就針對在意成品是否好吃的客群，寫了以下的文案：

四種獨門吐司配方

在「零基礎麵包初級二」裡教了十六個麵包、兩個隱藏甜點，其中有四款夢幻吐司：手撕煉乳吐司、棉花糖吐司、三起司吐司、蜜紅豆吐司。

會說獨門，是因為這幾個配方的口感、香氣，在一般麵包店是找不到的。

有人問：「為什麼吐司要叫手撕？」

因為手撕煉乳吐司的配方很特別，要用手去撕它才好吃，而不是用切的！用手去撕的時候，吐司會一絲一絲地被剝下來，放進嘴裡的口感就是嫩，非常嫩，像是小孩的臉頰一樣……這形容是不是有點可怕？

我暫時想不到其他描述，總之嫩就對了，而且有非常濃郁的鮮奶香氣，沒有加奇怪的香料，小孩也可以放心地吃。

棉花糖吐司，口感就跟棉花糖一樣蓬鬆柔軟，像是在吃一朵雲，配上火烤後的焦香杏仁片，滿滿的幸福和夢幻，工作室裡的女生把它選為心目中的第一名。

三起司吐司，可不是像一般人想像的那樣，把三種起司塞到吐司裡就好，起司分很多種，例如軟質乳酪、硬質乳酪、半硬質乳酪等等，不能全部用一樣的比例去搭。

不同的乳酪在烤過後，質地也不同，找出適合的乳酪和麵包體搭配，是這款吐司的重點，這中間的調整經歷了非常多次，才

手撕煉乳吐司

棉花糖吐司

三起司吐司

找出高梨、梵谷、高熔點，三種起司搭配的最好比例。吃起來不會膩，而是微酸的起司奶香，有柔軟的起司口感、有彈性的起司口感、甘甜的吐司，鹹甜交織層次豐富。

蜜紅豆吐司，重點就在於要有紅豆香，但是又不能太甜，可是這中間的拿捏很不容易，因為糖放得少香氣就會減少，所以要經過非常多次的調配，才能抓到最好的比例。

最後的成品，讓紅豆非常地香又不會死甜，我們非常滿意。吐司口感細緻綿密，和紅豆內餡完美地融合在一起，就算放到隔天也很濕潤。最特別的是，你可以把它切片之後放一小塊奶油在上面烤，奶油的乳香與紅豆夾在一起的滋味，真的超級好吃！

蜜紅豆吐司

可以看到這整篇文案的文字，都集中在產品的描述上，完全都沒有提到教學是否詳細、簡不簡單等等問題，因為這文案就是為了在意美味的學生而寫的。

再來你可能會想：「寫了關於產品美味的文案後，要怎麼設定給想要的客群看？」這裡除非你早就把客戶名單分類，例如在意教學詳細的分一群、在意美味的分一群，否則你是沒有辦法指定某篇文案，只給特定喜好的客群看的。

在沒有分類的前提下，你的文案就會被所有的人看到。不過隨著 Facebook 的廣告 AI 越來越聰明，現在已經能夠分析出，哪些人可能會對你這篇文案有反應，所以它會盡量讓文案投放在這些人面前，你不必太煩惱。

同樣一個產品，它有不同的優點，會被不同的客人重視，只要根據他們最在意的事情來分眾，寫起來不僅非常輕鬆，也會很有效果。

TIPS

從客戶最在乎的點著手

① 不要用年齡、性別分類客戶。

② 用客戶最在意的事來分類。

卡點⑤
找不到客戶的痛點、興奮點

你不用是盲人，
也能體驗盲人生活，
重點是，你要願意去練習、揣摩。

一個菜鳥演員如果要演盲人的話，大概會問類似的問題：「我不是盲人，要怎麼演得像盲人？」

每次看完一部電影，我都會去查這部戲的拍攝花絮，還有演員的採訪。只要是以盲人為主角的電影，記者都會問：「你是怎麼準備，讓自己演得像一個盲人？」而所有的答案也幾乎都是：「把自己變成一個盲人，去體驗他們的生活。」

當然這裡的意思，並不是說真的去把眼睛刺瞎，而是他們會用戴墨鏡、特殊隱形眼鏡等方式，來讓自己視力變差，進而去揣摩盲人的肢體語言與心境。其實不只是演盲人才需要去實際體會，很多偉大的演員為了角色，會把自己吃得超胖，或讓自己瘦成皮包骨。

過程中，或許有人會問：「為什麼不用特效化妝來變胖（變瘦）就好？」他們都會回答：「只有真的變胖，才能演得逼真。那種喘氣、步履蹣跚的感覺，或者打從心底產生的怠惰感，都是在真的變胖之後才能體會得到。而且只有自己來真的，觀眾才會覺得你是真的。」

現在讓我們把相同的概念，套用在行銷問題上：「如果自己不是目標客戶，要怎麼知道客戶想聽的話？」答案很明顯，就是**把自己變成目標客戶**！

實際用才能體會那個痛

很多人在選擇生意類別時，只是覺得某個東西好賺就跳下去做，結果因為根本不了解市場、客群而死得很慘。所以，要選擇某樣生意來做，最好是選自己有興趣、本身也是目標客戶的項目。萬一你已經選了一個沒興趣的產業，那只好想辦法把自己變成目標客戶了。

當然，這裡並不是要強迫你去愛上那個產業，畢竟有時興趣是勉強不來的，就像有哪個演員會喜歡當盲人？沒有吧？但他們還是可以透過練習，來讓自己演得像一個真正的盲人。

●實際使用自家與競爭品牌的產品

每個品牌的產品特性不同，拿吸塵器來說，有的吸頭太高，你用了之後就會想：「我沙發的底部太低，這吸塵器的吸頭根本伸不進去，還要把沙發搬開才能打掃，超級麻煩。」這樣你是不是就得到了一個客戶的使用痛點？

而且這個痛點你自己親身體會過，所以寫出來的文案更有說服力，就像真的變成胖子的演員，才會把胖子演得好一樣。或是有的吸塵器吸力很差、噪音很大、笨重、不好清潔等等，各式各樣的痛點，都需要你實際用過好幾個品牌後，才會比較清楚。

這樣的使用體驗也不是一次就好，還需要你常常在家用吸塵器打掃，才會對優缺點更有感覺。要是你只用過那麼一次，可能就體會不到搬沙發、吸塵器太重、噪音會是個問題，但你每天打掃的話，就會跟目標客戶一樣，對吸塵器的優缺點很有感。

你想想看，一個賣吸塵器的老闆，自己卻從來不打掃，自家產品跟別人家的產品都沒用過，這種人又怎麼可能了解目標客戶的感受？

●加入目標客戶會去的社團

如之前提到的加入社團，因為有相同喜好的社員常會在社團分享，自己遇到哪些困難，或是對產品的期待、抱怨與喜好等，這些都是讓你盡情挖寶、找靈感的好地方。

甚至你還可以直接把社團裡的熱門議題，拿來當作你的行銷文案素材，同時在內容中提供解決方案。例如我參加的創業、行銷社團裡，有很多人問道：「到底要怎麼訂價？成本又該抓多少？」於是我就針對這個問題，寫了一篇和訂價有關的文章，結果完全戳中大家的痛點，反應非常好。

●找身邊的目標客戶朋友，深入訪談

他最在意的是什麼？最好奇或不懂的地方在哪？或者最討厭的又是什麼？經過深入訪談之後，你就會得到很多有用的題材。

除了把自己變成目標客戶外，也常有人問，要如何才能找出目標客戶的痛點、興奮點？這兩個問題可以分開著手：

①痛點

客戶會存在什麼問題，例如他睡不著覺、苦惱的地方，這些痛都是客戶急需要解決的問題。

②興奮點

能給客戶帶來「哇！」效應的刺激感，也就是能讓客戶產生快感的地方。

只要按照前面說的把自己變成客戶，痛點的答案馬上呼之欲出；至於興奮點，可以說就是痛點的相反，找出痛點也等於找到興奮點。畢竟當你的新產品可以解決痛點的時候，客戶自然會超興奮的啊！

看到一台輕量、聲音小、吸力強、移動又方便的吸塵器，哪個家

目標客戶的痛點與興奮點
（以吸塵器為例）

痛點		興奮點（與痛點相反）
機器笨重，打掃很麻煩。	▶	機器輕巧好移動。
太大聲，會被鄰居投訴。	▶	聲音小但吸力依然很強。
滾輪容易卡頭髮，吸塵器變得很卡很難推。	▶	不卡頭髮，吸塵器一拉就走。

庭主婦（夫）不心動？而且，產品的痛點永無止境，所以你永遠都能找到相應的解決方式去行銷你的產品。

就像我以前用過一台掃地機，痛點就是它很笨，會到處撞來撞去，還要自己把它抱回去充電。後來出了一台聰明的掃地機，可以自己回去充電座充電，但用了之後又發現一個痛點，就是它的拖地功能很麻煩，要人工手動洗抹布。結果不久後，一台會自動洗抹布、烘抹布的掃地機又出現了。

因為我很在意家裡清掃的問題，所以在類似吸塵器或掃地機等居家清潔產品上，自己就是目標客戶，很清楚痛點和興奮點在哪，如果要寫這類的行銷文案會容易很多。

而且跟演員比起來，把自己變成目標客戶容易多了。畢竟你不需要胖到一百多公斤，也不需要辛苦的在短短六個月內又變回肌肉猛男，所以變成目標客戶這麼簡單的事，就快點去做吧！

TIPS

找到客戶的痛點與興奮點

① 實際去使用與自家產品相似的競爭商品。
② 找出在使用時所發現的困擾。
③ 實際去使用自家產品。
④ 想想自家產品是不是有解決其他競爭商品的困擾。
⑤ 如果自家產品沒有解決困擾，那就想辦法改善它。
⑥ 如果自家產品有解決困擾，那就向客戶加強宣傳。

卡點⑥ 怕文案拉低品牌格調

想要文案通俗、接地氣，
又怕變得沒個性，和大家都一樣，
這該怎麼辦呢？

在社群上的文案，究竟該用什麼筆調來寫？如果用比較輕鬆的方式，會不會拉低了品牌格調？對於這個問題，只要文案保有自己的個性，不管是用輕鬆、幽默、冷靜或熱情的方式來呈現，都不會拉低格調，只有那種沒個性的嗨咖小編文案才會把格調拉低。

沒個性的嗨咖小編文案像是：

案例一：
炎炎夏日，熱得快受不了了，快來一杯冰涼的飲料吧！
馬上點擊下方連結……

案例二：

濃濃的巧克力蛋糕，用嚴選法國巧克力製作而成，還在等什麼？

趕快手刀搶購……

是不是覺得案例中的文案隨處可見，好像隨便打開幾個粉專都能看到？現在，我再進一步把這些嗨咖的廣告字眼挑出來，例如：

「還在等什麼？」

「快來一杯／一份××吧！」

「趕快手刀搶購！」

類似這樣的文字能避免就避免。

在故事中置入產品特性

如果你在文案開頭多做一點鋪陳（例如故事），再用對話的口吻來講，並保有你的個性，就能避免格調降低的問題。

下頁舉一個我的巧克力蛋糕文案來說明：

剛創業的時候，每次客人收到蛋糕，我都會打電話問問有沒有什麼建議。（現在是用 Email 來問）

有個客人說：

「是好吃啦，但有點膩。」

我覺得很奇怪，因為蛋糕調整了非常多次，竟然還有人覺得膩，所以問他：

「我看紀錄發現你是買六吋的蛋糕，請問你大概吃了多少呢？」

「幾乎整顆都吃完了吧？」

「是指一次就快吃完整個蛋糕嗎？」我倒吸一口氣。

「對呀，但是吃完之後覺得有點膩。」

聽完後我差點昏倒，那個蛋糕雖然外表只有六吋，看起來不大，

可重量接近一公斤，因為裡面**大部分都是巧克力**，只有一丁點**的麵粉**而已。整個吃完當然會膩啊！

我真的不建議一口氣吃完整個蛋糕，畢竟它的巧克力是**法國的米歇爾**，在百貨公司一小片就要幾百元，**非常地貴**，應該要好好品嚐它，才不會浪費了。

p.s. 如果你對這款蛋糕有興趣，它的連結在這裡：××××

從這篇蛋糕文案可以看到，雖然好像都在講一件事，但我在對話和描述的過程中，就已經把蛋糕的特色寫了出來：

「紮實重量接近一公斤。」

「大部分是巧克力，麵粉只有一點點。」

「用了很貴的巧克力。」

利用故事敘述來傳達產品優點，會讓客人更容易記住，更願意把文字看完、下單的機率也比較高。所以好的文字行銷並不是直接塞一堆蛋糕資訊，然後叫客人手刀搶購就好。

雖然這篇文案屬於輕鬆的類型，但放在像貝克街這樣高價品牌的粉絲專頁上，也不會讓人覺得格調不足。記得只要前面多點鋪陳、對話般的文字、保有個性，就不會降低格調。

不過這裡還是要提醒一下，保有自己的個性得有限度，萬一你是平常滿嘴髒話又愛開黃腔的人，那文字還是得做些調整，不然除了品牌形象會受影響外，嚴重的話可能連廣告帳號都會被禁止，到時你哭都來不及了。

TIPS

利用故事找出產品優點

① 回想你與自家產品發生過的故事。
② 找出當時受挫經驗與克服它的過程。
③ 寫出來，並在故事裡提到產品的優點。

卡點⑦
什麼都想說，把文案寫成使用說明書

短時間塞入一大堆資訊，只會讓人覺得無聊，失去興趣也懶得看下去。

在進入主題前，讓我們先來看一下這個例子：

> 嗨！Sandra，
>
> 告訴你一個好消息，你知道第二代超智能 SmatOun@ProX 已經上市了嗎？
>
> 這款由台灣在地科技生活品牌 iLoveEat 團隊，最新推出的 SmatPun@Pro2 智慧廚餘機，不僅在六月奪得綠智能家居大賞外，近期也將開放預購。前二〇〇名預購者，還可享最低七折的早鳥價格。
>
> 承襲上一代 SmatOun@Pro 的絕佳表現，這次第二代超智能 SmatOun@ProX 搭載 SuperGriind 雙強力研磨馬達，攪碎 1.5L 的

廚餘只要十五秒，還特別針對華人的飲食習慣設計，無論是豬、雞、魚骨頭或是蟹、蝦、海鮮蚌殼，都能輕鬆碾碎。而且還特別小聲，即便設定在半夜運轉也不會擾人清夢。

有了SmatOun@ProX你再也不用趕回家丟廚餘，廚房還會變得特別乾淨，沒有惱人的果蠅、不用忍受噁心的餿水味，還不用丟個垃圾餿水滴得家裡到處都是。廚餘碎經過烘烤、乾燥後，甚至會傳出陣陣清香，這一切都是因為SmatOun@ProX具有專利除菌技術，烤乾的廚餘渣擺在家裡多久也不怕。

關於許多人擔心的耗電問題，SmatOun@ProX也做了大幅度的改良，並獲得節能家電四級標章認證，在不斷上漲的電價壓力下，為你想盡辦法省荷包。而且你不只可以選擇手動或自動模式，為SmatOun@ProX安排日程，更可以透過iLSH App隨時用手機查看工作狀況，就算你人不在家也可以遠端遙控

SmatOun@ProX 處理廚餘。
有了這麼一台 SmatOun@ProX 廚餘機，你的生活品質將大大改善，現在又有早鳥的七折優惠，還猶豫什麼呢？快來我們官網下單吧！連結網址××××××××

會不會覺得資訊太多，把文案變成使用說明書了？還套了好多英文的技術名稱、產品名稱，原本想讓客戶見識到厲害，結果反而眼花撩亂。或許你會想，行銷文案不是應該要提供大量資訊，讓人覺得內容很充實嗎？

但這麼想就忽略掉一個關鍵——「人是不喜歡動腦袋的」，所以在短短的幾段文中塞這麼多資訊，只會讓人很難讀下去。

行銷文案要兼具資訊與易讀的方式之一，就是將產品特點先分好主角、配角，然後主、配角輪流當，再給它們足夠的戲分。

例如我的甜點課程，有「教學詳細清楚」、「做出來的甜點很好吃」、「做法不難，初學者也能學會」等三個特點。要是我把這三點全部塞在一起寫成文案，就會是：

貝克街的課程教學詳細清楚，教出來的甜點都很好吃，而且家用器具就可以做出來喔！

看起來很悲劇吧？但如果我把想講的事用以下的方式呈現呢？雖然字數增加，變成一封信，但是更清楚傳達我的重點（主角及配角）。

貝克街最擅長的是巧克力甜點，因為很受歡迎、巧克力用量大，也引起了法國米歇爾總部的好奇，親自來到我們公司拜訪，想知道我們到底怎麼做的。

所以這一次，我決定在巧克力的課程裡面，放入八款貝克街在販售的營業配方，教學的部分依照慣例鉅細靡遺、詳細清楚，我們怎麼教學徒的，課程裡就是怎麼教。

很多人擔心的問題是，營業級甜點會不會很難做？完全不會。

如果難做的話，學徒一定常常把甜點做壞，我可承擔不了這種損失；為了讓耗損降到最低，我研發甜點時的要求，除了好吃之外，做法一定要簡單。

主角

配角

所以你來學，完全不用擔心太難的問題，輕輕鬆鬆就可以做出營業級的巧克力甜點；課程不只營業級配方，另外也有幾款常見的巧克力甜點，例如熔岩巧克力、乳酪巧克力蛋糕等等也都在教學裡面。

這就是課程的內容：

××××××

每一款營業等級配方，都是我或品卉花好幾個星期研發出來的，這裡講的好幾個星期，是「一款」甜點，就花這麼多時間！

要做生意，不把味道做到最好，誰還會來第二次？

而且營業級甜點，為了達到好吃的水準，需要耗掉大量的食材來調整比例，每款甜點的研發費用最少要超過好幾萬元台幣。

主角

配角

貝克街的甜點雖然賣得好，但在研發上付出大量人力、時間、金錢，也因為花了這麼多心血，即使甜點的價格很貴，顧客仍然願意捧場；而這一次的課程，你不需要付出巨大代價，就能直接學到我們的心血結晶……

這個蛋糕課程，因為是教貝克街的營業配方，所以學生最大的問題，就是「會不會很難做」？

畢竟「營業配方」這幾個字，聽起來難度就很高，所以我把「做法不難，初學者也能學會」這個特點當主角，再將「教學詳細清楚」、「做出來的甜點很好吃」當配角。

為什麼要分主、配角

所以在文案裡，你會看到我花最多篇幅在講「不難」這件事，教學詳細、甜點好吃的部分就簡單帶過。這時你可能會有疑問：「為什麼要分主角、配角，全部都當主角不好嗎？」

原因主要有以下兩個：

●人的注意力有限

不要期望人在看完一大篇文案之後，還能記住你產品的所有特色，那是不可能的。不如針對一個重點好好寫，讓客人深深烙印在腦袋裡，效果會更好。

●文案會有好幾篇

每個人的痛點都不一樣，所以每篇行銷文案用不同特色來當主角，可以打中不同客戶的痛點。或許這篇不吸引他，但下篇也許就中了。例如剛剛的課程文案，有的人並不在意難度，只想知道教學是否詳細清楚，那我寫的另一篇特別強調教學詳細清楚的文案，就會讓他願意買。

除了分「主角」、「配角」外，我前面也提到角色需要有足夠的「戲分」，**也就是你要有夠多的文字來描述那些特色，才不會讓整篇文案變得像說明書，無聊得讓人看不下去。**

也就是說，你要提出邏輯論點，來說明為什麼你的產品有這些優點？而不是只寫幾個字「我的教學很詳細、東西很好吃，初學者也能學會喔」就想帶過。

像我光是在「好吃」這個特點上，就有：「研發一款就要好幾星期」、「要做生意一定要好吃」、「研發費用很高」等文字說明，全部三個特點也有幾百字的描述，給足了「戲分」。

這樣主、配有分，又有足夠篇幅敘述的行銷文案，不論是用故事來開頭，或是從客人的痛點、困擾來帶入，都能讓產品特色更容易被人記住，行銷效果也會很好。

主配有分的差異

特色分主角、配角	不分主角、配角
● 很快看到重點 ● 對產品特色印象深刻 ● 可輪流給足戲分強調不同特色 ● 不同文案打中不同客群	● 重點分散 ● 容易忘記有哪些特點 ● 容易變成無聊的說明書

TIPS

讓行銷文案變得易讀

① 列出你的產品特色。
② 從中選出一個主角與兩個配角。
③ 將重點擺在主角寫一篇行銷文案。
④ 輪流將其他兩個配角變成主角，再寫出兩篇行銷文案。

附錄

那些讓客戶默默買單的行銷祕技

小狗行銷：讓人無法拒絕的買賣技巧

不知不覺間，點頭說好

有天晚上我弟在睡覺的時候，一部分天花板塌了下來，幸好沒有砸到人。這很危險，可能哪天整片就掉下來，所以他決定找人重新整修，預計要花兩個星期才會修好。因為擔心愛貓Rocky會被施工的聲音驚嚇到，我弟考慮把牠送去貓旅館幾天。

聽到他的狀況後，我想：「送去貓旅館感覺很無聊，乾脆讓貓暫時住我這好了。」但馬上又想到：「太太好像對貓沒興趣，不知會不會答應？」所以我打了通電話，問太太能不能暫養一下 Rocky？

太太猶豫了幾秒，問：「貓咪大概要待多久？牠會亂抓東西嗎？」我說：「兩個星期，但我不太確定牠會不會亂抓，不過我們的家具是粗糙的木頭，抓了應該也沒事吧？」、「好吧，那就讓牠來兩個星期。」太太說。

沒想到暫養了一個星期之後，太太突然說：「我想要養貓。」我嚇了一跳，好奇問她：「你不是本來沒有興趣的嗎？」她說：「對呀，我以前對貓沒興趣，可是 Rocky 來了之後，每天在我旁邊，我覺得還不錯。」然後她又說：「但是 Rocky 是你弟弟的，我們自己再養一隻吧！」我說：「那就先讓牠多待一陣子再說吧，我弟弟那邊也不急。」

上述的故事，已經是好幾個月前的事了，但寫這篇文章的當下，Rocky 正趴在我的大腿上睡覺，還沒回我弟家……

這就像寵物店會在客戶猶豫要不要買的時候，說：「沒關係，你先把小狗帶回去養幾天，之後再跟我說要不要買？」如果客人有小孩，看到小孩這麼想養，心裡大都會想：「現在拒絕小孩太可憐，就帶回去養幾天好了。」那接下來會發生的事……你應該也想像得到吧？這就是「小狗行銷法」。

這個行銷技巧運用到其他行業上，就是「試吃」和「試用」，客人吃了、用了之後如果覺得滿意，下單機率也會跟著大增。但小狗行銷還有個隱藏威力——更容易讓客人點頭說好！

像爬樓梯般，一步步讓客人購買

在行銷上要客人直接買單很困難，可是如果有第二個更容易實現的替代方案，通常對方會比較容易點頭。當場要客人買一隻狗回去，並承諾養牠一輩子太難了，如果只是「提議」讓客人帶回去「養幾天」就好，客人便會很容易說「好」！

為什麼？原因很簡單：因為在潛意識裡，人在拒絕他人之後會感到不好意思，所以基於補償心態，會比較容易答應對方第二次的請求。

這招我兒子也很常用。他會問我：「我可以吃糖嗎？」只要我說：「不行。」他就會馬上接著問：「那一顆就好，可以嗎？」這時我明顯感覺到，要拒絕第二次真的很困難，幸好我也不是省油的燈，所以我會用類似的技巧回答：「我不能給你糖果，但是可以給你巧克力。」（我挑的巧克力含糖量比較少）。

其實這也是業務員常用的技巧，「當第一個方案被客人拒絕時，馬上提出第二個取代方案。」甚至有的業務員會先給客人一個很爛、很貴的方案，等到被拒絕之後，再把比較好的方案端出來，以提高成交率。

而客人容易接受第二個提案的原因，除了潛意識裡覺得愧疚外，還有「對比」。在看到第一個方案很爛後，接下來只要看到另一個還不錯的方案，就會覺得這個方案超級好（雖然實際上可能只是不錯而已）。畢竟人是會比較的生物，我們的大腦喜歡自動把東西互相比較，一件物品的價值，也常常是比較之後才會顯現。

小狗行銷法的隱藏威力，就是讓客人答應走出第一步後，像走樓梯一樣，接著走出第二步、第三步，一步步往上，最後走向頂樓（購買）。

我自己也很常用小狗行銷法，除了賣蛋糕給試吃外，在甜點課程招生時，也會先給客人看一支完整的食譜教學影片，讓學生有最好的體驗後，再決定要不要報名。只要客人影片看得越久，越會對我們產生好感，成交的機率自然也就更大。

當然不是每個產業都適合用影片來做小狗行銷，你可以根據自己的行業來調整做法與內容。例如賣洗脫烘洗衣機的廠商，雖然沒有辦法把機器送到客戶家試用，但他可以邀請客戶把自己的衣服帶到現場來試洗。通常試洗過後成交率都超高，因為衣服洗完可以直接烘好，又不會縮水，這麼方便的家電任誰都會愛上！

各種行銷軟體或是投資軟體也常用這招，給客人七天或十四天的免費試用後，再決定要不要買。畢竟要人一次拿出幾千元買軟體難度很高，可是先給他試用過後，要再說服就輕鬆多了，這就是小狗行銷的厲害之處。

鮭魚行銷：雷聲大雨點小的廣告誤區

沒有實際收益，再紅都是徒勞

小狗行銷之後，現在我來講前一陣子爆紅的「鮭魚行銷」。

如果你不住在台灣，可能不知道鮭魚行銷是什麼，這裡我先來解釋一下：前幾年台灣有間壽司店推出行銷活動：「只要身分證的名字上有『鮭魚』二字，就可以免費吃壽司。」

為了吃免費壽司，很多人去把名字改成鮭魚，當時引起非常多的新聞報導與社會輿論，一時間，幾乎每個台灣人都知道有鮭魚行銷這麼一個活動。

有的人覺得，這家壽司店只花少少的錢就讓這麼多人看到，是很成功的行銷案例，卻也有人覺得那些改名的客人很不尊重父母給的名字，說改就改。甚至，還有些吃免費壽司的人，狂點一堆卻沒吃完，出現了浪費食材的狀況。

撇開尊重名字、浪費食材等因素不談，這裡我就單純以行銷的角度來講，鮭魚行銷的效果到底好不好？

但要討論效果，就要先看店家辦活動的目的是什麼？通常會有以下幾個：

① 擴大市場

② 提高形象

③ 提高營業額

④ 提高品牌名氣

過去你可能比較少聽到①「擴大市場」，意思是當某些產業剛起步，大家不清楚這類產品屬性不敢花錢購買時，有的品牌商就會大力去推廣這個新產業，把市場做大。

像以前的人只喝過牛奶，所以當奶粉上市的時候，大家會猶豫、害怕、不敢買，會懷疑這到底是什麼產品？加了水之後真的跟牛奶一樣嗎？為了打消疑慮，品牌商就要先打廣告，教育大家奶粉的種種好處（而非直接訴求銷售），等客人了解新產品後，市場就會被擴大。

雖說市場擴大，等於所有同行都賺到，可是當中得到最多好處的，還是市占率最大的龍頭品牌。所以，通常以「擴大市場」為目的的品牌商，多是這新興市場的龍頭品牌。從這個目的來看，「鮭魚行銷」不在做大市場，因為壽司的市場原本就已經很大了。

至於②提高形象，應該也不是店家的目的，因為我看不出來這項活動有什麼正面形象？

要提高公司形象，一般會和公益做結合，或舉辦與品牌核心價值相符的活動。例如有的壽司店強調「新鮮」，那活動就會跟「新鮮」有關，來強化客人對這間店食物「新鮮」的印象。而鮭魚行銷活動本身沒有結合店家的核心價值，所以目的也不是提高形象。（反而有浪費食物的負面形象，但實際影響的狀況要看該公司報告，或參考聲量統計公司的統計數據）。

然後就是③提高營業額，和④提高品牌名氣，但要看這兩點之前，我們有必要先了解一下常見的廣告誤解。很多人認為，有創意、有大量分享、有巨大聲量就是成功的廣告，卻忽略最後有沒有人記得，這廣告是在講哪間公司？甚至活動或廣告結束後，大家只記得創意，不記得在賣什麼產品。

這種焦點模糊的行銷廣告很多，我認識的不少老闆就吃過這種苦，廣告很紅，卻沒賺到半毛錢。**用同樣的邏輯再來看「鮭魚行銷」，你想大家會記得是哪間壽司店，還是只記得「鮭魚」？**

行銷的兩個階段

當然不管你我的想法怎樣，都還是要看壽司店接下來的數據表現，才能判斷鮭魚行銷效果到底好不好。可是數據都是事後才有，該怎麼辦？

我的做法是分兩個階段：

①錢少的時候

錢少的時候，我絕對不會做類似「鮭魚行銷」的活動，並不是沒錢讓客人免費吃，而是我很難預測它的效果好不好？會有人因為活動而記得店名、提高營業額嗎？所以我會想辦法讓每一次的行銷，都能明確追蹤效果，而且會盡可能和品牌核心價值綁在一起。

例如在網路上，我可以看到不同文案帶來多少訂單，也可以看到實體發出去的傳單帶來多少營業額，全部都能清清楚楚地追蹤，把效果差的行銷停掉。總之就是，每投一塊錢都要看到回報就對了！但是「鮭魚行銷」的方式，很難追蹤的這麼清楚，不確定性也很高。

②錢夠的時候

等到錢夠的時候，只要我覺得有機會，就會去嘗試風險比較高的行銷方法。雖然這類行銷活動的不確定性大，也不能清楚追蹤，但因為我的錢夠，是可以承擔風險的。萬一效果差，頂多就是損失點錢，但要是效果好的話，就能帶來長期又巨大的利益。所以很多大公司，都會用這種方式來提高形象。

像百事可樂的廣告，常常以青春、活力的感覺呈現，強調一種企業形象，雖然不能明確地追蹤到廣告效益，但是他們的錢夠，可以用這種方式讓大家對品牌產生好感。

以上只是單純以行銷的角度來分析鮭魚行銷，至於浪費食物、改名字等等是另外的議題，不在這次的討論範圍。不管大家對鮭魚行銷的想法如何，活動過後的營業數字才是關鍵，一個活動再多人吹捧，只要賺的錢少、名氣沒提高，就根本沒有用。成王敗寇，才是最真實的描述。

部落客行銷：善用工具找合作對象

快速打出名氣的方法

二〇一二年貝克街初創時期，為了把蛋糕賣出去，我搜尋了很多蛋糕名店的報導，想看他們用什麼行銷方式把公司做起來。發現他們絕大多數都是靠新聞媒體、口碑、部落格，把店給做大。

但是當時對我來講，要被記者採訪是可遇不可求，口碑也要花時間累積，所以最快的行銷方式，就是找部落客來寫文章。所以我做了些功課，找出幾個人氣部落格或網站，寫信去問他們願不願意合作寫試吃文。

那時候我沒有什麼概念，也不知道高人氣的部落客收費很高。看到這裡你可能會想：「所以接下來，就是你找這些大咖部落客之後，被他們的高價給嚇跑了吧？」錯，我並沒有被大咖部落客的高價嚇跑……因為，他們連回信都沒有！

沒有任何一位大咖美食部落客，願意回信給我這個剛創業的小咖。而且我的信裡也沒有提到預算，所以他們根本不知道我會付多少錢，我只有說是剛開業的網路蛋糕店，但就是沒人理我。我可以理解他們的想法，畢竟每天合作邀約這麼多，想把心力放在比較大的廠商上也很正常。

不只寄信給大咖部落客，後來就連剛起步沒多久的部落客我也寄了合作邀請，好不容易有人回信：「很高興能收到你們的邀請，我非常有興趣試吃你們的蛋糕哦！我超喜歡福爾摩斯的，看到你們的產品，更激起了我的好奇心，那再麻煩你把商品寄送給我囉，謝謝！」

看到有人回信，我內心難掩感動，不過理智也很快提醒我還有錢的問題，所以我小心翼翼地問：「非常謝謝您的回覆！不好意思想請問一下，我們需要付您稿費嗎？」畢竟有的部落客要收費，有的只試用產品就願意寫，我不太確定她是哪一種？她回覆：「我是有收稿費啦，你們的預算是多少呢？」

「由於我們是第一次接觸部落格這塊，並不是很清楚這方面的價碼，加上貝克街是剛成立的小公司，預算有限，所以初步訂在兩千元。如果對您來說太低無法接受，再麻煩您報價給我們，等我們有足夠的預算，會馬上邀請您！」我寫得很婉轉，因為我不想把話講得太死，不留後路。

不久她又回給我：「我的單篇稿費是三千元，但如果你們預算真的只有兩千元的話，我也是可以接受啦……因為我太想吃吃看你們的蛋糕了！」

我忘了最後是付三千還是兩千，但第一次與部落客的合作，總之還是談成了。

不要相信假數字，學會辨別人氣

找部落客行銷，目的是希望部落客幫我寫的文章，能讓最多的人看到，所以我會優先看每個部落客的單篇文章觀看人數，大概都落在什麼數字。至於那些沒有顯示文章觀看人數的部落格，我會先跳過；也有部落格只顯示總人氣（全站累積觀看數），但這數字我並不重視，因為就像前面講的，我要看的是單篇文章觀看數。

稍微平均一下觀看人數後再綜合計算，如果只寄產品這個部落客就願意寫，那大概需要多少成本，相較觀看人數比起來划不划算？如果划算，就這麼進行。等到公司賺了些錢、預算更多之後，我也試著找名氣比較大的部落客合作，看看效果是不是比較好？

和不同的部落客合作後，我發現事實和想像的不一樣：

①有些部落客數字會做假，他們能改自己文章的觀看數。

我就是這樣被一些部落客給騙了，以為他的文章很多人看，所以付給對方較高的費用，結果訂單卻沒有增加半筆。你可以在Google上搜尋「部落客假人氣」，就會出現一些有用的工具，幫助你分辨人氣真假。

②誤以為部落格文章會一直存在，再久都能被搜尋到，有SEO[1]的效果。

結果有的是因為整個部落格被關站（例如無名小站），有的是部落客的私人因素讓文章消失，我那時候請部落客寫的文章，現在幾乎都看不到了。如果你真的不想讓文章在好幾年之後被消失，就要先和部落客談好。

③ 以實際效果論，有的部落客成績讓我滿意，有的卻連一筆訂單都沒帶進，等於是賠錢。

推薦你把 LIHI（判別不同平台的導流效果）和 Google analytics（網路數據分析）這兩個工具搭配使用，只要給不同的部落客各自專屬的網址，就能在 Google Analytics 後台看到，這個客人是從哪個部落客過來買你東西的。分析之後，你也會知道誰可以再合作，誰完全沒帶來訂單。

不過撇開有沒有帶來訂單，找部落客行銷有另一個好處，那就是在你剛創業、官網剛做好的時候。因為知名度與搜尋度

---

1 搜尋引擎優化（Search Engine Optimization）的縮寫，是一種網站優化技術，可讓企業在搜尋引擎結果中排名較前面。

低，你的名字很難在搜尋平台上被查到，這種情況下，客人就會懷疑、擔心你是詐騙集團，不然怎麼網路上看不到什麼資訊？

可是有了知名部落客寫的文章後，在網路搜尋你的名字，那篇文章就會很快跳出來，客人看了也會比較安心，知道你是正常營業的店家。這就是我找部落客行銷的經驗，你可以學著去用我剛剛提到的工具，對你會很有幫助。

鐵粉行銷：鞏固關係有利經營

優惠背後的精妙計算

有一次我到一間店消費，結帳的時候店員問我：「請問您是第一次來嗎？」我說：「對，這是第一次。」店員又說：「第一次來的客人有優惠喔！這邊幫您打七折。」

過了一個月後，我又到同一間店消費，很明顯店員已不記得我，所以結帳時再次問：「請問您是第一次來嗎？」聽到這，我深深地體會到《金斧頭與銀斧頭》故事中，樵夫到底要不要講實話的糾結心情，但我還是很老實地回答：「之前有來過。」然後就聽到店員說：「好的，一共是九百元。」

這金額確實是商品的原價，但對比第一次消費打折的金額，我不免感到有些失落，也讓我想起一個老闆在經營客戶關係時，常會面臨到的問題：究竟是要給新客戶，還是老客戶優惠？

以行銷角度來看，找到新客戶的成本，是維持老客戶的五倍，也就是說，找到新客戶是一件非常吃力的事，要花不少的時間、成本，來說服他們嘗試你的服務。所以很多老闆會選擇把優惠留給老客戶，以提高他們持續購買的頻率，不過卻也有老闆反過來，選擇降低尋找新客戶的成本，把優惠給了他們。

以我的經驗來說，我比較喜歡給老客戶優惠，原因有兩個：

①就算你大聲宣傳首次消費有打折，效果也不會好到哪去，因為對客人來說，你的優惠就像路上隨處可見的跳樓大拍賣，已經氾濫到沒有感覺。

②客戶關係是長久的，如果只強調給新客戶優惠，長遠來看能賺到的錢比較少。

如果你選擇照顧老客戶、給老客戶優惠，那假設他原本一個月只會消費一次，有可能因此變成兩次甚至三次。但若選擇只給新客人優惠，可能只是從一個月新增一個新客人，到一個月新增二至三人，換算下來誰的效果比較好？

就算表面上成長業績一樣，可是實際上的結果卻不同。就像前面講的，優惠方案能吸引到的新客人，絕對比不上老客戶的回購次數。老客戶都用過你的產品，也喜歡、信任你，就算只給一點點的優惠，也會提高他再購買的機率。（除非你產品做得很爛）

可是新客戶還沒和你建立起信任關係，也怕踩到地雷、錢花得不開心，所以給新客戶的優惠折扣通常都要打得很低，才有足夠的吸引力讓他們購買，但是給這麼低的折扣會導致利潤變少，甚至賠錢。

雖然有的老闆會把吸引新客的折扣當成行銷成本，目的是把新客人變成老顧客，之後再賺他的回購利潤，但這些新客人就會像我開頭感受到的一樣，有點失落。

想辦法讓客人留下聯絡方式

換作是你，在同樣的品質服務下，你會選擇只給新客人優惠的店家，還是只給老客戶優惠的店家？只要用數學腦袋稍微算一下就知道，當然是去給老客戶優惠的店家啊！

再來，你做生意的區域範圍內，就算目標客戶再多也總有極限。以前面的例子來講，就算新客戶優惠一個月幫你多找到二至三人，但時間久了效果也會遞減，因為不會永遠都有這麼多的新客戶。

我相信會有人說：「那老客戶、新客戶都給優惠就好啦！」我不建議這樣做，因為一來會讓人覺得你的原價只是擺好看的，反正到最後都有優惠。其次，不管是老客戶或新客戶，拿到優惠後都不會有過癮的感覺，因為沒有人會買到原價。

千萬不要小看這種心理感受，這和金錢的多寡沒有關係。記得好幾年前有一張很紅的照片，是影星李奧納多在黑色星期五的購物活動中，搶到一件特價衣服，高興得合不攏嘴的樣子。想想李奧納多這麼有錢，特價對他有影響嗎？當然沒有！重點不在錢，而是他搶到特價時的那股「爽」感！

你一定也有過類似的經驗，在特價期間買到優惠，並看著它恢復原價時，心裡特別有成就感。所以，要是新客戶、老客戶都有優惠，這種爽感跟成就感就會大幅降低，回購的慾望也會減少，最終就是兩邊都無法討好。

在我創業前期，用了大量廣告吸引新客人，可是漸漸的我發現這方法太吃力、太花錢，所以改成把廣告費回饋給老客戶，以增加他們的回購率。後來我的行銷主力都是放在老客戶身上，也輕鬆許多，不需要一天到晚賣力說服新客人。不過也不是說用廣告吸引新客人不重要，只是比例要拿捏。

不管你是實體店家，還是網路商店，一定要想盡辦法讓進到店裡或官網的人留下聯絡資訊，不管是Email、加入Line都可以，你這樣才能鞏固和客戶的關係。不然你推出了老顧客優惠方案，沒有人可以通知的話也是沒用。

我跟很多老闆提過，平常就要經營老顧客這件事，可是他們很多都是聽聽就算了，或是根本就沒有老顧客的聯絡資料，非常可惜。

如果有好好經營的話，業績至少可以再高一倍都不是問題，建議你可以開始認真思考，怎麼和老客戶打好關係！

渴望行銷：強化消費者需求

誘發渴望有技巧

假設要你把籃球，賣給一個對打球沒半點興趣的人，該怎麼辦？跟他說打籃球很有趣？可以減肥？可以買籃球當禮物送給朋友？怎麼講都很難。

當然在你用盡各種行銷技巧之後，可能最後還是賣得出去，但就是會特別吃力，甚至付出的心力、金錢可能都不合成本。

為什麼？因為，你很難幫客人創造需求。

做行銷該專心的，是如何讓本來就對你產品有興趣的人，產生更多的渴望，更想去買你的東西！所以我們要先了解，在哪些情況下，人的渴望會被加強：

①當權利被剝奪、感到痛苦的時候

我看過一本小說，主角被丟到沙漠，身上什麼都沒有，為了逃出去他只能不斷向前走，過程渴得半死又出現幻覺。這時他對水的渴望，已經強烈到可以為了喝水做出任何事，最後也果然做出不少誇張行為。

另一個例子，就是在Covid-19疫情期間有朋友跟我說：「等疫情結束，我一定要到處去旅行。」我忍不住問他：「疫情前你不也宅在家沒去旅行，跟現在待在家裡有差嗎？」他認真地說：「以前我有自由，可以選擇要待在家還是出去玩，但現在只能被強迫關在家裡，這感覺不一樣。」

所以，當一個人「旅行的自由被剝奪」後，他對旅行的渴望就提高了。

你可能會想：「我沒有辦法剝奪客人，加強他的渴望啊！」「飢餓行銷」算是類似的做法，讓產品數量非常有限，客人就有被剝奪的感覺，不過這招很危險，因為一個不小心，很容易讓客人對你生氣。

或者，你也可以主動去靠近那些「被剝奪的人」。像我在金門當兵的時候，常需要頂著大太陽在沙灘上出任務，那時就常常會有「小蜜蜂」出現在我們附近。「小蜜蜂」是載滿冰涼飲料、零食的小貨車暱稱，老闆們會找阿兵哥出沒又累得半死的地方湊過去，賣東西給他們。（有趣的是，阿兵哥出任務的地點算是機密，可是小蜜蜂老闆每次都知道我們在哪）。

這些阿兵哥又累又渴，對飲料零食的渴望大大提高，小蜜蜂的生意每次都好到不行。

類似的技巧也能用在網路行銷上，你可以先發一篇〈有禿頭困擾怎麼辦？〉的文章，吸引那些「頭髮被剝奪」的人來看，然後你再對這些人打生髮水廣告。**當人的渴望特別強時，讓他們買東西的目的也就更容易達成**。而且只要針對不同產品稍微變化一下，就可以套用在不同的行業上。

②有更好的產品選擇時

假設你常自己烤蛋糕，但家裡的烤箱脾氣古怪，就算調在一樣的溫度，每次烤溫還是不同，讓你焦頭爛額、三不五時失敗，還浪費一堆時間和材料費。但有一天你在網路上看到一台烤箱，強調它的恆溫效果超級好，烤溫不會一下高、一下低，設定幾度就是幾度。這時你應該會很想買它吧？

所以，**如果你的產品，有比一般市面上同類型產品好的地方，在行銷時就要把那些地方特別強調出來，自然會吸引並加強目標客戶的渴望。**

③被文字、影片、圖片吸引時

如果你很愛吃牛排，住家附近又新開了一間牛排店。有天你拿到他們的傳單，看到照片上牛排鮮嫩可口、切口色澤粉紅均勻，整塊肉就像閃閃發光的紅寶石。一旁還有文字解說，告訴你這頭牛平常是怎麼被對待的（例如聽音樂、喝啤酒、被按摩等等），還有這牛排肉用什麼方式料理、熟成了幾天，讓牛排入口即化、香氣濃郁……用了各種讓你流口水的文字技巧。

圖片和文字搭起來，渴望程度一定會被大大提高！平常就可以搜集會引起你渴望的文字，未來都可以用到。

假設你是賣吃的，在看美食節目的時候，如果主持人講到你流口水，記得把他說的話記錄下來，等到自己寫文案時就可以參考；或是你在賣家電的話，就去大賣場聽聽銷售員是怎麼介紹的，如果他們講得讓客人如痴如醉，紛紛掏錢來買，就一定要記下他是怎麼說的。這會是很好的練習方式，能幫助你增強說服客人的功力。

有時候行銷只是差個幾秒鐘的小動作，最後的結果就會完全不同，這些加強渴望的小技巧如果用得好，業績也會完全不一樣！

文字行銷的技巧還有很多，你可以在這個連結寫下你的 email，我未來會寄更多相關的技巧給你。

連結：https://baco-street.com/copywriting
備用連結：https://bacostreet.com.tw/Course/Info?id=1576

國家圖書館出版品預行編目 (CIP) 資料

文字變現！誠懇文案力：王繁捷日破 400 萬業績的寫作祕訣 / 王繁捷作 . -- 初版 . -- 臺北市：三采文化股份有限公司 , 2024.05
面； 公分 . -- (iRich)
ISBN 978-626-358-335-1(平裝)

1.CST: 廣告文案 2.CST: 廣告寫作 3.CST: 行銷策略

497.5 113003938

suncolor 三采文化

iRICH 39

文字變現！誠懇文案力

王繁捷日破 400 萬業績的寫作祕訣

作者｜王繁捷
編輯四部 總編輯｜王曉雯 主編｜黃迺淳 文字編輯｜吳孟芳
美術主編｜藍秀婷 封面設計｜方曉君 內頁設計｜ Claire Wei
行銷協理｜張育珊 行銷企劃主任｜陳穎姿
內頁編排｜ Claire Wei 校對｜黃志誠

發行人｜張輝明 總編輯長｜曾雅青 發行所｜三采文化股份有限公司
地址｜ 台北市內湖區瑞光路 513 巷 33 號 8 樓
傳訊｜ TEL: (02) 8797-1234 FAX: (02) 8797-1688 網址｜ www.suncolor.com.tw
郵政劃撥｜ 帳號：14319060 戶名：三采文化股份有限公司
本版發行｜ 2024 年 5 月 31 日 定價｜ NT$450

suncolor

suncolor

suncolor

suncolor